乡村振兴战略·浙江省农民教育培训丛书

猕 猴 桃

浙江省农业农村厅 编

浙江大学出版社
·杭州·

图书在版编目(CIP)数据

猕猴桃/浙江省农业农村厅编. —杭州：浙江大学出版社，2023.4

(乡村振兴战略·浙江省农民教育培训丛书)

ISBN 978-7-308-23599-0

Ⅰ.①猕… Ⅱ.①浙… Ⅲ.①猕猴桃－果树园艺 Ⅳ.①S663.4

中国国家版本馆 CIP 数据核字 (2023) 第 052697 号

猕猴桃

浙江省农业农村厅 编

丛书统筹	杭州科达书社
出版策划	陈　宇　冯智慧
责任编辑	陈　宇
责任校对	赵　伟　张凌静
封面设计	三版文化
出版发行	浙江大学出版社
	(杭州市天目山路148号　邮政编码 310007)
	(网址：http://www.zjupress.com)
制作排版	三版文化
印　　刷	杭州艺华印刷有限公司
开　　本	710mm×1000mm　1/16
印　　张	10.25
字　　数	175 千
版 印 次	2023 年 4 月第 1 版　2023 年 4 月第 1 次印刷
书　　号	ISBN 978-7-308-23599-0
定　　价	67.00 元

乡村振兴战略·浙江省农民教育培训丛书

编辑委员会

主　　任　唐冬寿

副 主 任　陈百生　王仲淼

编　　委　田　丹　林宝义　徐晓林　黄立诚　孙奎法

　　　　　张友松　应伟杰　陆剑飞　虞轶俊　郑永利

　　　　　李志慧　丁雪燕　宋美娥　梁大刚　柏　栋

　　　　　赵佩欧　周海明　周　婷　马国江　赵剑波

　　　　　罗鸶峰　徐　波　陈勇海　鲍　艳

本书编写人员

主　　编　潘青仙　林　钗

副 主 编　吴瑛莉　姜新龙　赵国富

编　　撰　（按姓氏笔画排序）

　　　　　马　祺　杨伟敏　杨海英　吴瑛莉　吴慧峰

　　　　　张媛媛　林　钗　赵国富　姜新龙　黄　露

　　　　　黄小兰　章祖民　潘青仙

丛书序

乡村振兴，人才是关键。习近平总书记指出，"让愿意留在乡村、建设家乡的人留得安心，让愿意上山下乡、回报乡村的人更有信心，激励各类人才在农村广阔天地大施所能、大展才华、大显身手，打造一支强大的乡村振兴人才队伍"。2021年，中共中央办公厅、国务院办公厅印发了《关于加快推进乡村人才振兴的意见》，从顶层设计出发，为乡村振兴的专业化人才队伍建设做出了战略部署。

一直以来，浙江始终坚持和加强党对乡村人才工作的全面领导，把乡村人力资源开发放在突出位置，聚焦"引、育、用、留、管"等关键环节，启动实施"两进两回"行动、十万农创客培育工程，持续深化千万农民素质提升工程，培育了一大批爱农业、懂技术、善经营的高素质农民和扎根农村创业创新的"乡村农匠""农创客"，乡村人才队伍结构不断优化、素质不断提升，有力推动了浙江省"三农"工作，使其持续走在前列。

当前，"三农"工作重心已全面转向乡村振兴。打造乡村振兴示范省，促进农民、农村共同富裕，浙江省比以往任何时候都更加渴求

人才，更加亟须提升农民素质。为适应乡村振兴人才需要，扎实做好农民教育培训工作，浙江省委农村工作领导小组办公室、省农业农村厅、省乡村振兴局组织省内行业专家和权威人士，围绕种植业、畜牧业、海洋渔业、农产品质量安全、农业机械装备、农产品直播、农家小吃等方面，编纂了"乡村振兴战略·浙江省农民教育培训丛书"。

此套丛书既围绕全省农业主导产业，包括政策体系、发展现状、市场前景、栽培技术、优良品种等内容，又紧扣农业农村发展新热点、新趋势，包括电商村播、农家特色小吃、生态农业沼液科学使用等内容，覆盖广泛、图文并茂、通俗易懂。相信丛书的出版，不仅可以丰富和充实浙江农民教育培训教学资源库，全面提升全省农民教育培训效率和质量，更能为农民群众适应现代化需要而练就真本领、硬功夫赋能和增光添彩。

中共浙江省委农村工作领导小组办公室主任

浙江省农业农村厅厅长

浙江省乡村振兴局局长

王通林

2023 年 3 月

前　言

为了进一步提高广大农民的自我发展能力和科技文化综合素质，造就一批爱农业、懂技术、善经营的高素质农民，我们根据浙江省农业生产和农村发展需要及农村季节特点，组织省内行业首席专家和行业权威人士编写了"乡村振兴战略·浙江省农民教育培训丛书"。

《猕猴桃》是"乡村振兴战略·浙江省农民教育培训丛书"中的一个分册，全书共分五章，第一章是生产概况，主要介绍猕猴桃的起源与分布和浙江省猕猴桃生产现状；第二章是效益分析，主要介绍猕猴桃的营养价值与经济价值、社会及生态效益、市场前景及风险防范；第三章是关键技术，着重介绍猕猴桃的品种品系、园地建设、栽植管理、整形修剪、花果管理、土肥水管理、树体保护、病虫害防控、采收与储运、产品加工；第四章是选购食用，主要介绍猕猴桃的选购方法、食用方法；第五章是典型案例，介绍了江山市神农猕猴桃专业合作社、绍兴上虞东山红家庭农场、浙江浦江宏峰生态农业开发有限公司等八个省内农业企业、农民专业合作社及家庭农场从事猕猴桃生产经营的实践经验。

本书内容广泛、技术先进、文字简练、图文并茂、通俗易懂、编排新颖，可供广大农业企业种养基地管理人员、农民专业合作社社员、家庭农场成员和农村种植大户阅读，也可作为农业生产技术人员和农业推广管理人员技术辅导参考用书，还可作为高职高专院校、农林牧渔类成人教育等的参考用书。

目 录

第一章　生产概况

　　猕猴桃是一种多年生落叶、半落叶或常绿攀缘藤本植物，也有少数灌木林类型。猕猴桃生长区域分布非常广泛，栽培方式多样，既适合露地栽培，又可以设施栽培。中国是世界第一大猕猴桃主产国，我国的陕西、河南、湖南、湖北、安徽、江西、四川、广西、江苏、浙江、贵州、云南、上海、北京、重庆、山东、广东等地区都有猕猴桃生产栽培基地。猕猴桃已发展为我国水果产区农民脱贫致富、繁荣农村经济的支柱产业之一。2020年，浙江省猕猴桃栽培面积14.91万亩，产量9.60万吨，产值近5亿元，省内种植面积过万亩、产量过万吨的有绍兴市上虞区和衢州市江山市。

一、起源与分布

　　猕猴桃又名羊桃、毛桃，也称猕猴梨、藤梨、阳桃等，为多年生落叶、半落叶或常绿攀缘藤本植物，也有少数灌木林类型。我国猕猴桃栽植的历史记载最早见于唐代。诗人岑参（714—770年）在《太白东溪张老舍即事寄舍弟侄等》一诗中写道："渭上秋雨过，北风何骚骚。天晴诸山出，太白峰最高。远近知百岁，子孙皆二毛。中庭井阑上，一架猕猴桃。"诗中提到的渭、东溪、太白都是陕西的地名、山名。宋《本草演义》（1116年）中称猕猴桃"今陕西永兴军南山甚多。枝条柔软，高二三丈，多附木而生。其子十月烂熟，色淡绿，生则极酸。子繁强，其色如芥子。浅山傍道则有子者，深山则多为猴所食矣。"明《本草纲目》中称猕猴桃"其形如梨，其色如桃，而猕猴喜食，故有诸名。闽人呼为阳桃"。

　　19世纪后期，西方国家纷纷派人到中国收集植物资源，先后有英国、法国、美国、新西兰等国从我国引种了猕猴桃。目前，世界上有30多个国家栽培猕猴桃，特别是近年来，猕猴桃的面积和产量呈快速上升的趋势。其中，中国、意大利、新西兰和智利是猕猴桃栽培面积最大的4个国家，主导着世界猕猴桃产业。猕猴桃栽培面积最大的是中国，但产业水平最高的是新西兰。

　　我国是世界上人工栽培猕猴桃最早的国家，但因其土生土长，并未引起人们的重视，直到1978年才在全国范围内开展了大规模的猕猴桃资源的调查、选种、育种和栽培工作。经过筛选，培育出全国第一批优良品种后，各地陆续开始发展猕猴桃生产，也有少量品种是从新西兰引进的。目前，我国陕西、河南、湖南、湖北、安徽、江西、四川、广西、江苏、浙江、贵州、云南、上海、北京、重庆、山东、广东等地区都有猕猴桃生产栽培基地，猕猴桃已发展为我国水果产区农民脱贫致富、繁荣农村经济的支柱产业之一（见图1.1）。陕西的秦

图1.1 猕猴桃基地

岭北麓是我国猕猴桃栽培最集中的地区，栽培面积已经达到近百万亩（1亩≈667平方米）。尤其是周至县和眉县，其耕地上几乎全部种植了猕猴桃，是全国乃至全世界最大的猕猴桃栽培产区。

复习思考题

1. 中国关于猕猴桃栽植有哪些历史记载？
2. 中国猕猴桃是什么时候走向世界的？
3. 目前我国哪些地区是猕猴桃主要产区？

二、浙江省猕猴桃生产现状

浙江猕猴桃发展史可追溯到宋代，南宋嘉定《赤城志》（成书1223年）中已有"猕猴桃"记载。浙江人工栽培猕猴桃已有100多年历史，台州黄岩焦坑乡大巍头村饭蒸坑自然村至今尚存清咸丰十年（1860年）嫁接的猕猴桃老树。长期以来，猕猴桃都处于野生状态，20世纪80年代，浙江仍有大片野生猕猴桃。据1981—1982年的调查，全省有55个山区、半山区县（市）有野生猕猴桃分布，庆元、龙泉、淳安、建德、临安、开化几个主产区的野生猕猴桃蕴藏量在 2500 吨以上，主要品种是中华猕猴桃软毛变种。1982 年，浙江省成立了由浙江省农业科学院等单位组成的浙江省猕猴桃科研生产协作组，进行猕猴桃资源调查、引种、株系和品种选育、栽培技术、果实营养分析、食品加工利用等研究，加快了猕猴桃的开发和利用。1986 年，全省猕猴桃栽培面积约 2500 亩；1988 年，栽培面积扩大到 1 万亩，逐步形成江山、上虞等猕猴桃著名产地；2020 年，全省猕猴桃栽培面积 14.91 万亩，产量 9.60 万吨，产值近 5 亿元（见图 1.2）。浙江猕猴桃主产区有绍兴市（2.20 万吨）、衢州市（1.96 万吨）、温州市（1.78 万吨），金华市、杭州市、台州市、宁波市、丽水市年产猕猴桃均在 5000 吨以上，其中，上虞区（1.31 万吨）、江山市（1.25 万吨）、泰顺县（0.99 万吨）、诸暨市（0.47 万吨）、永嘉县（0.42 万吨）等地为重点产地。主栽品种以徐香、红阳为主。其中，徐香猕猴桃主要种植在江山等地，红阳猕猴桃主要种植在上虞、遂昌等地。

图1.2　上市猕猴桃

复习思考题

1.简要阐述浙江省猕猴桃的发展史。

2.浙江省20世纪80年代的猕猴桃种植情况如何?

3.浙江省2020年猕猴桃产业的发展情况如何?

第二章　效益分析

　　猕猴桃果实风味独特，营养极其丰富，尤其是维生素C含量很高，被誉为"水果之王"。猕猴桃对癌症、肝炎、消化不良、便秘、高血压、心血管病和口腔糜烂等，均有一定的防治作用或特殊疗效，是著名的保健水果之一。猕猴桃无论是鲜果，还是加工产品，都深受消费者青睐。猕猴桃花叶极具观赏性，可发展生态观光农业，果实可鲜食、可加工，产品附加值高。猕猴桃栽培已成为浙江省山区农民增收、农业增效、乡村振兴的一条重要途径。

一、营养价值与经济价值

（一）营养价值

猕猴桃营养极其丰富，尤其是维生素 C 含量很高，中华猕猴桃一般每 100 克鲜果含维生素 C 50～420 毫克，毛花猕猴桃一般每 100 克鲜果含维生素 C 560～1379 毫克，故猕猴桃被誉为"水果之王"。每 100 克猕猴桃鲜果中含有糖 8％～14％，总酸 1.0％～4.2％；含天门冬氨酸 0.446％、苏氨酸 0.210％、色氨酸 0.185％、谷氨酸 0.600％、甘氨酸 0.240％、丙氨酸 0.245％、脯氨酸 0.362％、胱氨酸 0.102％、甲硫氨酸 0.023％、异亮氨酸 0.237％、亮氨酸 0.294％、酪氨酸 0.140％、苯丙氨酸 0.197％、赖氨酸 0.214％、组氨酸 0.125％、精氨酸 0.304％及 r- 氨基丁酸、羟丁氨基酸等多种氨基酸；还含有猕猴桃碱、蛋白水解酶、单宁，以及钙、磷、钾、铁等多种矿物质元素。近代医学证明，猕猴桃对癌症、肝炎、消化不良、便秘、高血压、心血管病和口腔糜烂等，均有一定的防治作用或特殊疗效。因此，人们又将猕猴桃称为"保健水果"。

（二）经济价值

猕猴桃具有投产早、产量高、盛果期长、病虫害少等特点。猕猴桃栽后第三年开始结果，第四年亩产可达 500～750 千克，第六年后亩产 1500～2500 千克。盛果期一般可持续 30 多年。如浙江台州大巍头乡有株百余年的猕猴桃树，至今年产仍达 50 多千克。猕猴桃是与葡萄相类似的多年生藤本植物，人工栽培需设立支架，若按高标准建园，则需采用水泥柱、铅丝计，每亩需投资 3000～5000 元；在山区，若采用简易架，就地取材，选用毛竹、木柱等为主要材料，每亩需投资 500～1500 元。尽管如此，猕猴桃仍是一种价值高、收益好的水果种类。成年猕猴桃园一般亩产 2000 千克，批发价每千克 5～20 元，经济效益显著。

猕猴桃果实除鲜食外，还可加工成罐头、果酱、蜜饯、果汁、果干、果酒等产品，其产品附加值成倍提高。

复习思考题

1. 猕猴桃鲜果中的维生素 C 含量有多少？
2. 猕猴桃有哪些医学作用？
3. 猕猴桃的经济效益如何？

二、社会及生态效益

（一）社会效益

猕猴桃从采收至可食用前有一个后熟过程。在常温下，一般中华猕猴桃经 7~15 天、美味猕猴桃经 15~30 天软化，这段时间果实硬，便于长距离运输；若采取适当措施，即便在常温下也可保鲜超过 1 个月，这为交通不便的山区发展猕猴桃产业提供了有利条件。特别是猕猴桃适合于山区生长，山区产的猕猴桃品质和储藏性要优于同一地区平地产的猕猴桃，而且在山区建立的猕猴桃园在不浇水、不打药的管理条件下，以比较低的生产成本就能生产出绿色果品，在市场竞争中处于有利地位。因此，猕猴桃栽培已成为浙江省山区农民增收、农业增效的一条重要途径，猕猴桃生产也是浙江省西南及中部地区发展农村经济的重要产业。

（二）生态效益

猕猴桃种植以传统耕地和山地为主，生产上严格按照无公害技术标准实施，对土壤、大气和周围生态环境没有任何污染。同时，猕猴桃在连片规模发展后，有利于保护当地耕作土壤的活性，改善小气候，是一种非常适合山地退耕还林、保护生态的果树品种。猕猴桃叶片肥大、浓绿，花具浓香，极具观赏性，是美化、净化环境的优良物种，非常有利于当地生态观光农业的发展。

复习思考题

1. 猕猴桃的社会效益如何?
2. 猕猴桃的生态效益如何?

三、市场前景及风险防范

(一)市场前景

猕猴桃是著名的保健水果之一,无论是鲜果,还是其加工产品,都深受消费者青睐。浙江地处我国猕猴桃栽培适宜地南缘,同一品种成熟早,具有较大的市场竞争优势。

浙江的猕猴桃产业应立足于国内市场,积极开拓国际市场。在品种安排上,重点为中华猕猴桃,选择"金丽""金喜"等品种及避雨栽培下的"红阳"等,主攻国庆市场;发展一部分毛花猕猴桃等特色品种,主攻元旦、春节市场。在栽培上采取各种技术措施,提高果实品质,尽量选择山间坡地,积极发展绿色、有机猕猴桃种植,建立在市场上"叫得响"的品牌。目前,浙江省几个主要猕猴桃生产基地正朝着规模化、产业化、精品化的方向发展,猕猴桃生产必将得到持续健康的发展,其市场前景向好。

(二)风险防范

1 良种与环境

猕猴桃好吃,但树难栽,并不是所有地方都可以栽种猕猴桃,也不是任何地方栽种后都可以优质、稳产。因此,种植前,首先要选择适宜的气候区域与土壤条件,了解地形地貌、坡向、海拔高度与社会经济条件;其次,要分清不同系列的早、中、迟熟品种;最后,要调运经过病虫害检疫的苗木。当然,各地也可选择在适宜的小气候或设施、避雨等环境下栽培。

2 生产与安全

狝猴桃怕台风、忌积水。因此，须做好园地选择；种植时嫁接口不能埋入土中，修剪断根、主根，解绑嫁接时留下的塑料薄膜，台风季节立支柱绑扶，高温季节使用遮阳网，干旱季节及时浇水，确保当年种植成活率。狝猴桃如在成熟期遇刮风下雨天气，果实碰伤后极易霉烂。此外，采收前超标使用农药、激素等化学制剂，会给消费者食用带来不安全性。

3 保鲜与储运

狝猴桃在雨天采后须通风，降低湿度；在高温天采后宜放阴凉处通风，预冷，降低温度。运输前做好防震、保温包装等措施，优选快递运输、冷藏车运输，提高保鲜效果，以确保狝猴桃果品的新鲜度。

4 市场与销售

目前，我国狝猴桃生产栽培管理水平与先进国家相比还存在较大差距，单位面积产量也比较低，果实的品质也不够高。国内高端市场销售的狝猴桃基本上都是进口的。我国狝猴桃每年出口数量还不到进口数量的 1/10，出口值仅占世界狝猴桃出口值的 0.1%。因此，在浙江种植狝猴桃须谨慎，应根据市场定位确定狝猴桃产业的发展方向，特别是高、中、低档果品的布局。建议进一步提高生产栽培管理水平，扩大研究加工产品，以降低种植风险，获得更佳的综合经济效益。

复习思考题

1. 狝猴桃的市场前景如何？
2. 发展狝猴桃产业应该注意哪些问题？
3. 怎样保证狝猴桃的保鲜与储运？

第三章　关键技术

　　猕猴桃生产的关键技术可以分为产前、产中和产后三部分。产前技术主要是确定适合本地种植的优良品种（品系），选择适宜的环境和种植模式；产中技术主要是猕猴桃的栽植管理、整形修剪、花果管理，以及土肥水管理、树体保护、病虫害防治等；产后技术主要是采收、储运与产品加工。

一、品种品系

栽培的猕猴桃从种类上分，有美味猕猴桃、中华猕猴桃、毛花猕猴桃和软枣猕猴桃；从果肉颜色上分，有绿肉、黄肉和红肉3个系列。

（一）中华猕猴桃

1 红阳

红阳由四川省自然资源研究所和四川省苍溪县农业农村局育成。果实长圆柱形兼倒卵形，果顶下凹，果皮绿色、薄，果毛柔软易脱，果肉外缘黄绿色、中轴白色，肉质细，多汁，种子分布区果肉鲜红色，呈放射状图案，单果重50~80克。含酸量低，可溶性固形物含量19.6%，每100克鲜果维生素C含量136毫克（见图3.1）。该品种品质优良，树势较弱，对溃疡病、褐斑病、叶斑病的抗性比较弱，耐旱、耐热性差。3月初萌芽，4月中旬初花，8月下旬成熟。

2 楚红

楚红由湖南省农业科学院园艺研究所育成。果实长椭圆形或扁椭圆形，单果重70~80克，最大果重121克，果皮深绿色无毛，果肉黄绿色，中轴周围呈艳丽的红色，横切面呈放射状彩色图案，极为美观诱人。果肉细嫩，多汁，风味浓甜可口，可溶性固形物含量14%~18%，有机酸含量1%~2%，每100克鲜果维生素C含量100~150毫克。果实储藏性一般，常温下储藏10~14天开始软熟，冷藏条件下可储藏约3个月（见图3.2）。该品种适应范围广，具有较强的抗高温、抗干

图3.1 红阳

旱和抗病虫能力。在武汉地区 3 月中旬萌芽，4 月底至 5 月初开花，9 月下旬果实成熟，配套雄性品种为磨山 4 号。

图3.2　楚红

3　红什1号

红什 1 号由四川省自然资源科学研究院育成。果实较大，平均单果重 85.5 克，最大果重 95 克，椭圆形。果肉黄色，种子分布区果肉呈鲜红色，放射状，每 100 克鲜果维生素 C 含量 147 毫克，总糖含量 12.01％，总酸含量 1.3％，可溶性固形物含量 17.6％，干物质含量 22.8％；风味好，甜酸适度，香气浓郁。3 月上旬萌芽，4 月中旬开花，9 月中旬果实成熟，12 月上旬开始落叶，年生长期约 260 天。

4　红什2号

红什 2 号由四川省自然资源科学研究院育成。果实长椭圆形，果皮绿褐色，果皮表面均匀分布少量的短茸毛，平均单果重 77.64 克，最大果重 102 克。果肉浅黄色，种子分布区果肉呈鲜红色，味甜，可溶性固形物含量 17.1％，总糖含量 7.26％，总酸含量 0.184％，每

100克鲜果维生素C含量184毫克。3月上旬萌芽，下旬抽梢，4月上旬展叶，中旬开花，5月上旬坐果，9月中旬果实成熟，12月上旬落叶，全年生长期约265天。较抗叶斑病、褐斑病。

5 东红

东红由中国科学院武汉植物园育成。果实长圆柱形，果顶微凸或圆，果面绿褐色，中等大小，单果重65~75克，最大果重112克。果肉金黄色，种子分布区果肉呈艳红色，果肉质地紧密、细嫩，风味浓甜，香气浓郁，可溶性固形物含量15.6%~20.7%，干物质含量17.8%~22.4%，总糖含量10.8%~13.1%，可滴定酸含量1.1%~1.5%，每100克鲜果维生素C含量113~160毫克（见图3.3）。果实生育期约140天，在武汉地区4月中旬开花，9月上旬果实成熟。

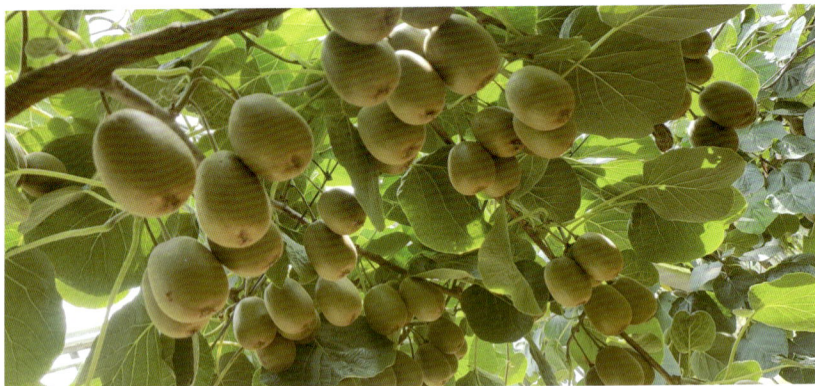

图3.3 东红

6 红丽

红丽由浙江省农业科学院园艺研究所育成。果实短柱形，果皮浅黄褐色，有中等量的短茸毛，平均单果重75克，最大果重102克。果肉黄色，种子分布区果肉呈红色，风味好，可溶性固形物含量17.5%~22.5%，总糖含量12.39%，总酸含量1.1%，每100克鲜果维生素C含量167毫克（见图3.4）。在浙江丽水地区，2月下旬伤流期，3月下旬萌芽期，4月中旬展叶期，5月上旬开花期，10月上旬果

图3.4　红丽

实生理成熟，12月上旬落叶期。

7　金艳

金艳由中国科学院武汉植物园育成。果实长圆柱形，单果重100~120克，果顶微凹，果蒂平；果皮厚，黄褐色，密生短茸毛。果肉黄色，质细多汁，味香甜，可溶性固形物含量14%~16%，总糖含量9%，有机酸含量0.9%，每100克鲜果维生素C含量105毫克。果实较耐储存，软熟后货架期长达15天，低温下（0~2℃）可储存6个月（见图3.5）。该品种树势生长旺，3月上旬萌芽，4月底至5月上

图3.5　金艳

旬开花，10月底至11月上旬果实成熟，配套雄性品种为磨山4号。

8　金桃

金桃由中国科学院武汉植物园选育。果实长圆柱形，平均果重90克，最大果重120克，成熟时果面光洁无毛，外观漂亮。果肉黄色，软熟后肉质细嫩、脆，汁液多，有清香味，风味酸甜适中，种子少，可溶性固形物含量15%~18%，总糖含量8%~10%，有机酸含量1.2%~1.7%，每100克鲜果维生素C含量197毫克。品质上等，耐储存。该品种树势中庸，枝条萌发力强，结果早，丰产稳产，耐热性好。3月中下旬萌芽，4月下旬至5月上旬初开花，9月中下旬果实成熟。配套雄性品种为磨山4号。

9　黄金果（Hort-16A）

新西兰专利品种，果实长卵圆形，果喙端尖，果实中等大小，单果重80~140克。软熟果肉黄色至金黄色，肉质细嫩，具芳香，风味好，可溶性固形物含量15%~19%。该品种树势旺，枝条萌发率高，极易形成花芽，连续结果能力强，坐果率超过90%（见图3.6）。在

图3.6　黄金果

四川蒲江县3月初萌芽，4月上中旬初花，9月下旬成熟。授粉品种为 Sparkler 和 Meteor。

10 金红50

金红50由浙江省农业科学院园艺研究所育成。果实圆柱形、端正、整齐，果皮光滑呈浅黄色，丰产，平均单果重可达100克，沿果轴的子房呈红色放射状，肉色淡黄，果味细腻甜度高。可溶性固形物含量17%~20%，干物质含量18%~21%，一般在10月中下旬成熟，自然保鲜4个月，冷库储存6个月（见图3.7）。树势强健，叶片厚而黑，耐高温，耐干旱，抗病性与适应性强。

图3.7 金红50

11 华优

华优由陕西省农村科技开发中心、周至猕猴桃试验站、西北农林科技大学等单位共同育成。果实椭圆形，单果重80~110克，果皮黄褐色，茸毛稀少，果皮较厚，较难剥离。果肉黄色或黄绿色，肉质细，汁液多，香气浓郁，口感浓甜，极为适口。可溶性固形物含量17%，总酸含量1.1%，每100克鲜果维生素C含量162毫克；果心小，柱状，乳白色。果实在室温下，后熟期15～20天，在0℃条件下，可储存约5个月。该品种树势强健，抗性强，在陕西3月中旬萌芽，4月底至5月上旬开花，9月中旬果实成熟。配套雄性品种为磨山4号。

12 金什1号

金什1号由中华猕猴桃实生选育而成的四倍体黄肉新品种。果实长柱形，果皮黄褐色，有中等量的短茸毛，平均单果重85.83克，最大果重102.4克。果肉黄色，风味浓，具清香，可溶性固形物含量17.5%，总糖含量10.82%，总酸含量0.143%，每100克鲜果维生素C含量205毫克。在四川德阳地区，2月下旬伤流期，3月中旬萌芽期，3月下旬抽梢期，4月中旬展叶期，5月上旬开花期，5月中旬坐果期，9月下旬种子开始变黑，11月上旬果实生理成熟，12月上旬落叶期。

13 金义

金义由浙江省农业科学院园艺研究所育成。果大，倒卵型，果皮黄褐色，无毛，平均单果重100～110克，最大果重309克，果肉黄色，风味好，具清香，可溶性固形物含量17.5%～24.0%，4月下旬开花，10月中下旬果实生理成熟（见图3.8）。

14 金喜

金喜由浙江省农业科学院园艺研究所育成。果皮黄褐色，成熟时果面光洁无毛，果顶和果蒂平，外观漂亮。果肉黄色，质细多汁，味香甜，可溶性固形物含量16.1%～21.7%，总糖含量12%，总酸含量1.18%，每100克维生素C含量154毫克。果实储藏性佳，常温下后熟需20天左右，软熟后货架期可达7～10天，低温下（0～4℃）可储

图3.8 金义

存3~5个月（见图3.9）。该品种3月上中旬萌芽，4月下旬至5月初开花，9月底至10月上旬果实成熟。

图3.9 金喜

15 金丽

金丽由浙江省农业科学院园艺研究所育成。果个大，长柱形，果皮黄褐色，无毛，平均单果重90~100克，最大果重212克。果肉黄色，风味浓，具清香，可溶性固形物含量17.5%~21.9%，总糖含量11.82%，总酸含量1.21%，每100克鲜果维生素C含量134~205毫克（见图3.10）。在浙江丽水地区，2月下旬伤流期，3月下旬萌芽期，4月中旬展叶期，5月上旬开花期，9月下旬种子开始变黑，10月中旬果实生理成熟，12月上旬落叶期。

图3.10　金丽

16　Sungold Kiwifruit（Gold 3，太阳金）

新西兰专利品种，四倍体。果实卵圆形，果皮黄绿至深褐色，平均单果重136克，果肉细嫩、淡黄色，果心黄白，可溶性固形物含量17.4%，味浓甜，每100克鲜果维生素C含量117毫克，储藏期3~4个月，10月上旬采收（见图3.11）。易开花，多花，高产，不易感溃疡病。

17　Charm Kiwifruit（Gold 9，魅力金）

新西兰专利品种，四倍体。果实圆柱形，平均单果重118克，果皮绿褐色到黄褐色或深褐色，果肉淡黄，果心黄白，可溶性固形物含量17.7%，味浓香甜，多汁，带有酸橙风味，每100克鲜果维生素C含量117毫克。0~4℃低温冷藏条件下可储藏6~7个月，但果实有皱缩失水趋势。10月下旬采收。易开花，多花，高产，不易感溃疡病。

18 翠玉

翠玉由湖南省农业科学院园艺研究所育成。果实圆锥形，单果重85~95克，果皮绿褐色，成熟时果面无毛，果点平。果肉绿色或翠绿色，肉质致密，细嫩多汁，风味浓甜，可溶性固形物含量14%~18%，总糖含量10%~13%，有机酸含量1.3%，每100克鲜果维生素C含量93~143毫克。果实较耐储藏，室温下可储藏30天以上，在0~2℃条件下，可储藏4~6个月（见图3.12）。植株树势较强，抗逆性较强，抗高温、抗干旱、抗风力均强。在武汉地区3月中旬萌芽，4月底至5月上旬开花，10月中下旬果实成熟。配套雄性品种为磨山4号。

图3.11 Sungold Kiwifruit

图3.12 翠玉

19 翠丰

翠丰由浙江省农业科学院园艺研究所育成。果实长圆柱形，整齐一致，单果重60~80克，果肉绿色，果心小，质细多汁，风味浓甜，果肉可溶性固形物含量12%~16%，总糖含量7%~11%，有机酸含量1.0%~1.2%，每100克果实维生素C含量167~222毫克，品质优。果实较耐储藏，室温下可储藏20~30天，在0~2℃条件下冷藏150天后硬果完好率达95%。树势强健，在浙江9月中旬至10月上旬果实成熟。

（二）美味猕猴桃

1 海沃德

新西兰品种，为国际上各猕猴桃种植国家的主栽品种。果实成熟期为11月中下旬。果实长椭圆形，平均单果重约80克，最大果重120克。果肉翠绿色，致密均匀，果心小，可溶性固形物含量12%~17%，酸甜适口，有香气。其果品储藏性和货架期居目前所有栽培猕猴桃品种之首，但其投产较迟，丰产性较差，树势偏弱，需较高的配套管理措施。幼树除了加强肥水管理、促进树体生长以外，还需采用促花促果措施，以促其提早结果。

2 徐香

徐香由江苏省徐州市果园选出。果实圆柱形，果形整齐一致，单果重70~110克，最大果重137克。果皮黄绿色、薄，被黄褐色茸毛，梗洼平齐，果顶微凸，易剥离。果肉绿色，汁液多，肉质细致，具果香味，酸甜适口，可溶性固形物含量15.3%~19.8%，每100克鲜果维生素C含量99.4~123.0毫克，总酸含量1.34%，总糖含量12.1%（见图3.13）。果实后熟期15~20天，货架期15~25天，室内常温下可存放约30天，在0~2℃冷库中可储存3个月以上。果实成熟期为10月上中旬。

3 翠香（西猕9号）

翠香由西安市猕猴桃研究所和陕西周至县农业技术推广站育成。果实美观端正、整齐、椭圆形，平均单果重82克，最大果重130克。

图3.13 徐香

果皮黄褐色，稀生黄褐色茸毛（易脱落）。果肉深绿色，质细而多汁，香甜爽口，味浓香甜，芳香，品质佳，适口性好，质地细而果汁多，可溶性固形物含量超过17%，总糖含量5.5%，总酸含量1.3%，每100克鲜果维生素C含量185毫克（见图3.14）。在陕西周至县3月中旬萌芽，4月下旬至5月上旬开花，9月上旬果实成熟。

图3.14 翠香

4 米良1号

米良1号由湖南吉首大学生物系育成。果实长圆柱形，果皮褐色、密生硬毛，中等大，单果重87~110克。果肉绿黄色，风味酸甜多汁，有芳香，可溶性固形物含量15%~18%，总糖含量7%，总酸含量1.5%，每100克鲜果维生素C含量152毫克。货架期较长，较耐储藏，室温下可储藏20~30天。3月上旬萌芽，4月下旬开花，10月下旬果实成熟。

5 金硕

金硕由湖北省农业科学院果树茶叶研究所育成。果实长椭圆形，平均单果重120克，果柄粗短，果面茸毛黄褐色、柔软、短，食用时果皮易剥离。果心长椭圆形，浅黄色，果肉绿色，肉质细腻，风味浓郁，可溶性固形物含量17.4%，总糖含量9.22%，可滴定酸含量1.8%，每100克鲜果维生素C含量104毫克。在武汉地区10月上中旬成熟，耐储存，常温条件下可储藏20~30天。

6 金魁

金魁由湖北省农业科学院果树茶叶研究所育成。果实椭圆形或圆柱形，平均单果重100克，果顶平，果蒂部微凹，果面黄褐色，茸毛中等密，棕褐色，少数有纵向缢痕。果肉翠绿色，汁液多，风味浓郁，具清香，果心较小，可溶性固形物含量18%~26%，总糖含量13%，有机酸含量1.6%，每100克鲜果维生素C含量110~240毫克，货架期长，耐储性较强，常温条件下可储藏40天，树势生长健壮。在武汉地区3月上旬萌芽，4月底至5月初开花，10月底至11月上旬果实成熟。

7 布鲁诺

新西兰品种。果实长椭圆形或长圆柱形，单果重90~100克，果皮褐色，被粗长硬毛，不易脱落。果肉翠绿色，果心小，汁多，味甜酸，可溶性固形物含量14%~19%，总糖含量9%，有机酸含量

1.5％，每 100 克鲜果维生素 C 含量 166 毫克，耐储存，货架期长。植株长势旺，3 月下旬萌芽，4 月底至 5 月初开花，10 月底果实成熟。

8 Sweet Green Kiwifruit（Gree l4）

新西兰品种，四倍体。果实长倒卵圆形，平均单果重 116 克，果皮绿褐至微红褐色，外果肉绿色，但果实采后置于 20℃条件下或在蔓上软熟时，变成黄绿色，内果肉淡绿，果心黄白，可溶性固形物含量 20.3％，味浓香甜，肉质细嫩，每 100 克鲜果维生素 C 含量 149 毫克，可储藏 3~6 个月。10 月底至 11 月初采收，不易感溃疡病。

（三）毛花猕猴桃

1 华特

华特由浙江省农业科学院园艺研究所育成。果实长圆柱形，平均单果重 80 克，果肩圆，果顶微凹，果皮绿褐色，皮上密集灰白色茸毛，极易与果肉剥离。果肉绿色，髓射线明显，肉质细腻，爽口，可溶性固形物含量超过 13％，可滴定酸含量 1.24％，总糖含量 9％，每100 克鲜果维生素 C 含量 628 毫克，果实常温下可储藏 3 个月（见图 3.15）。植株生长势强，结果能力强，在徒长枝和老枝上均能萌发结果枝，产量高。在浙江南部于 5 月上中旬开花，10 月下旬至 11 月上旬采收。授粉雄株为毛雄1 号。

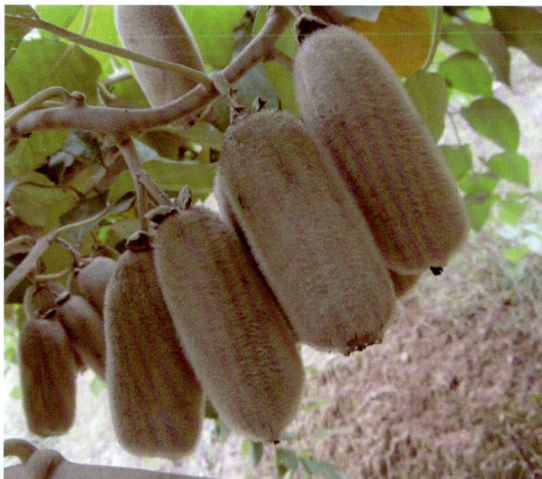

图3.15 华特

2 玉玲珑

玉玲珑由浙江省农业科学院园艺研究所育成。果实短圆柱形，平均单果重30克，果肩圆，果顶微凹，果皮绿褐色，上密集灰白色长茸毛，果实软熟时极易与果肉剥离。果肉绿色，髓射线明显，肉质细腻，风味浓，可溶性固形物含量超过15%，可滴定酸含量1.14%，总糖含量11%，每100克鲜果维生素C含量548毫克，果实在常温下可储藏3个月（见图3.16）。植株生长势强，结果能力强，在徒长枝

图3.16 玉玲珑

和老枝上均能萌发结果枝，产量高，抗性好。在浙江南部于5月上旬开花，10月下旬树上软熟，可在树上挂果1个多月。

3　赣猕6号

赣猕6号由江西农业大学育成。果实长圆柱形，被白色短茸毛。果实中大，平均单果重72.5克，最大果重96克。果肉墨绿色，可溶性固形物含量13.6%，可滴定酸含量0.87%，干物质含量为17.3%，每100克鲜果维生素C含量723毫克。该品种果实成熟期为10月下旬。

4　超华特

超华特由浙江省农业科学院园艺研究所育成。果实若授粉充分为圆柱形，果实个头中大，平均单果重65.6克，最大果重89克。果肉绿色，有香味，可溶性固形物含量14.2%~17.5%，可滴定酸含量1.08%~1.18%，总糖含量10.8%~11.9%，每100克鲜果维生素C含量520~590毫克（见图3.17）。果实11月上中旬可在树上软熟，达到食用状态时易剥皮，肉质细嫩。植株生长势强，结果能力强，在徒长枝和老枝上均能萌发结果枝，产量高，抗性好。

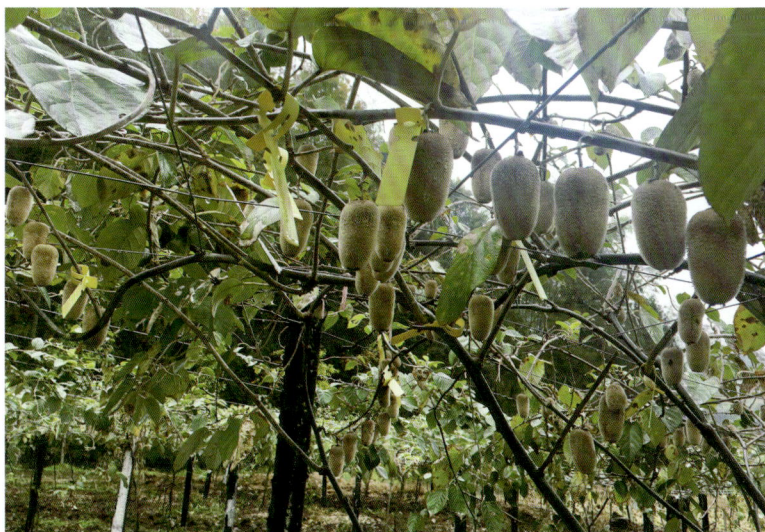

图3.17　超华特

5 甜华特

甜华特由浙江省农业科学院园艺研究所育成。果实非标准短圆柱形，果肩部比果喙端直径大，平均单果重42.5克，最大果重79克。果肉绿色，可溶性固形物含量15.5%~19.7%，可滴定酸含量0.95%~1.05%，总糖含量11.2%~12.3%，每100克鲜果维生素C含量550~615毫克，果实11月上旬可在树上软熟，达到食用状态时易剥皮，肉质细嫩，味甜（见图3.18）。植株生长势强，结果能力强，在徒长枝和老枝上均能萌发结果枝，产量高，抗性好。

图3.18　甜华特

（四）软枣猕猴桃

1 红宝石星

红宝石星由中国农业科学院郑州果树研究所选育。果实长椭圆形，平均单果重19克，果实横切面为卵形，果喙端形状微尖凸。果皮、果肉和果心均为玫瑰红色，果实多汁，可溶性固形物含量14%，总糖含量12%，有机酸含量1.1%，果心较大，种子小且多。植株树势较弱，抗逆性一般。在郑州地区5月上中旬开花，8月下旬至9月上旬果实成熟，11月上旬开始落叶。

2 天源红

天源红由中国农业科学院郑州果树研究所选育。果实卵圆形或扁卵圆形，平均单果重12克，果皮光滑无毛，可食用，成熟后果皮、果肉和果心均为红色。果实多汁，可溶性固形物含量16%，味道酸甜适口，有香味。植株树势较弱，抗逆性一般，成熟期不太一致，有采前落果，不耐储藏，常温下可储藏约3天。在郑州地区5月上中旬开花，8月下旬至9月上旬果实成熟，11月上旬开始落叶。

3 丰绿

丰绿由中国农业科学院特产研究所选育。果实圆形，果皮绿色，果肉绿色，多汁细腻，酸甜适度，可溶性固形物含量16%，总糖含量6%，有机酸含量1.15%，每100克鲜果维生素C含量255毫克。植株长势中庸，适应性广，抗逆性强，在吉林市左家地区4月中下旬萌芽，6月中旬开花，9月上旬果实成熟。

4 宝贝星

宝贝星由四川省自然资源科学研究院选育。果实短柱形，果皮绿色、光滑无毛，平均单果重6.91克。果肉绿色，味甜，可溶性固形物含量23.2%，总糖含量8.85%，总酸含量1.28%，每100克鲜果维生素C含量19.8毫克。2月上旬萌芽，2月下旬展叶抽梢，4月中旬开花，5月上旬坐果，9月上旬果实成熟，11月上中旬落叶，全年生长期约250天。对叶斑病、褐斑病等有较强抵抗力。

5 佳绿

佳绿由中国农业科学院特产研究所选育。果实长柱形，果皮绿色，光滑无毛，平均单果重19.1克。果肉绿色，可溶性固形物含量19.4%，总糖含量11.4%，总酸含量0.97%，每100克鲜果维生素C含量125毫克，酸甜适口，品质上乘。丰产性好，抗寒、抗病能力较强。在吉林地区9月初果实成熟。

6　赤焰

新西兰品种，现为国内大量引进的软枣猕猴桃品种之一。果实中等大小，平均单果重16克，略圆。若光线充足，果实为紫红色。果皮光滑。果皮可直接食用，味道可口香甜（见图3.19）。栽植三年开始结果，四年结果株率达100%，盛果期株产24.16千克。每亩产量可达约2000千克。该品种属于晚熟品种，果实在9—10月成熟。

图3.19　赤焰

7　恒优一号

恒优一号由桓仁县三道河村迟德祥先生于2005年从桓仁县三道河子野生软枣猕猴桃资源中选育的优良品种，经三年试栽和培育后，由桓仁县林业局推广，2007年通过辽宁省非主要农作物品种审定委员会审定。该品种树势强健，产量高，丰产稳定，栽植第三年开始结果，四年结果株率达100%，果皮青绿色，平均单果重22克，大果可达37克，盛果期株产24.16千克（见图3.20）。一般9月份中下旬浆果成熟，属中晚熟品种，成熟后不易落果。自然条件下可储藏约20天。

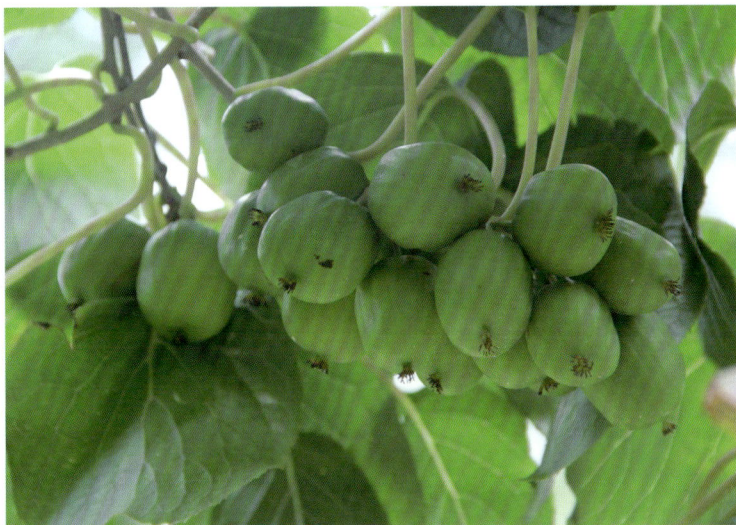

图3.20　恒优一号

复习思考题

1.栽培的猕猴桃分为哪几类？
2.金喜猕猴桃有哪些特征？
3.海沃德猕猴桃有哪些特征？

二、园地建设

（一）园地选择

要根据猕猴桃生长结果对外界环境的要求，将猕猴桃栽培在最适宜的区域。园地年平均气温应在 12~16℃，萌芽到进入休眠的生长期内 ≥ 8℃的有效积温 2500~3000℃·天，无霜期 ≥ 210天。猕猴桃怕干旱、怕水涝、怕强风、怕霜冻。因此，猕猴桃种植园地应选气候温暖、雨量充沛、无早霜、无晚霜的地区。园地选择背风向阳、水源充足、灌溉方便、排水良好、土层深厚、腐殖质丰富、有机质含量

1.6%以上、地下水位1米以下、年日照时数在1900小时以上的地块，土壤宜为中性或微酸性，透水、透气性好，且兼具便利的运输条件。坡顶、低洼谷地及风口处均不宜建设猕猴桃园地。

实践证明，在浙江山区、丘陵地带的山间谷地，选择较高海拔（500~1000米）、土壤肥沃的早阴坡、晚阳坡建园，有利于猕猴桃生长发育。其生产成本低，生产的果品品质又好，但要做好水土保持工作。

除考虑以上条件外，建园点应切实避免工业"三废"（废水、废气、废渣）、城市生活污水、废弃物、粉尘、农药、化肥、生长调节剂的污染，应具无公害标准化园地的环境条件。建园应选在空气清新、水质纯净、土壤无污染，且远离疫区、工矿区和交通要道的地方。如在城市、工业区、交通要道旁建园，应建在上风口，避开工业和城市污染源的影响。要求周围无超标排放的氟化物、二氧化硫等气体污染；地表水及地下水无重金属和氟、氰化物污染；土壤中没有重金属以及六六六等农药残留（见图3.21）。

图3.21 规划建园

选择好园地后，应因地制宜，全面布局，合理规划园区。猕猴桃是多年生作物，建园前应对园地进行调查研究和实地勘测，选适合种植的区域进行规划。规划内容包括小区划分、道路、建筑物、排灌系统、防护林等。

1　小区划分

建园面积较大时，为便于水土保持和操作管理，将全园按地形划分成若干种植区，一般每个小区长不超过150米、宽约100米；在地形复杂的丘陵地带，小区可因地制宜加以划分。山地建园要按地形修好适宜宽度的等高梯田。

2　道路

道路由主干道、干道和支路组成。主干道可通过中型汽车，一般宽5~6米，也能通过拖拉机和货车，连接外界公路。干道宽3~4米，既可作为各区分界，又是运肥、喷药等田间操作通道。山地猕猴桃园的支路应按等高线修筑，支路间规划好田间便道，一般依山势顺坡向排列，与梯田或猕猴桃畦垂直，这样既有利于水土保持，又有利于实地操作。

3　建筑物

建筑物依猕猴桃园规模大小而定，需考虑劳动休息室、分级包装车间、冷库等。建筑物的位置依地形地貌，建在交通便利处，便于全园管理、操作，有条件的地方还可配套建造畜牧场，以增加肥源。

4　排灌系统

排水系统一般由主渠、支渠、排水沟组成。主渠可沿沟干道、支路一侧走。一般5~10亩应有一支渠，支渠宽1米，深0.8米，与排水沟相通，使多雨季节能排水畅通，蓄水自如，需水时能就近取水。一般40~50亩需建一蓄水池，以利灌溉和喷药。喷（滴）灌设备要预先规划，设计好喷（滴）灌管道的走向、布局，并进行前期施工安装。

5　防风林

猕猴桃是目前各类果树中最易受风危害的树种。春季大风，易损嫩梢；夏季热风致其叶卷边枯焦，果实受伤；秋季大风易致枝条断折、果面损伤及产生落果。因此，在易受风害区建园，需设置防风林。防风林距猕猴桃栽植行 5~6 米，行距 1.0~1.5 米，株距 1 米，以对角线方式栽植，树高 10 米，所选树种不宜与猕猴桃有共生病虫害。园地防护林可与道路、沟渠、地块相结合，林带树种可与乔木、灌木结合形成立体结构。

（二）品种选择

猕猴桃品种的选择要求主要为果实品质佳、外观美，树体适性广、抗逆（病）性好，投产早、丰产稳产。在明确当地气候、土壤等条件可以栽培猕猴桃之后，还应根据市场需求，精心选择品种。一般浙江地区以栽培中华猕猴桃品种为主，可同时栽培美味猕猴桃品种；再根据猕猴桃产业需求，选择以鲜食型为主的品种还是以加工型为主的品种。最后，应选择抗病、适应性强的优良品种。鲜食型品种选择以口感佳、果形美、营养价值高及耐储运等特点为主的雌性猕猴桃品种，并选用与雌性品种花期一致、花期长、花量大、花粉多且活力强的授粉品种。

猕猴桃是雌雄异株植物，授粉是否充分对其品质和产量有着重要的影响。目前，雌、雄株的搭配比例由原来的 8∶1 变为 6∶1 或 5∶1。为了进一步提高猕猴桃授粉率，新西兰有些果园在两行雌株中间种植一行雄株。目前，一些新发展的猕猴桃园全栽雌株，通过集中栽雄株采集花粉或购买商品花粉，进行 2~3 次人工授粉，可以获得良好的授粉效果。

（三）架型选择

猕猴桃为藤本植物，需设立支架引其生长。目前采用的架型主要有"T"字形架、平顶大棚架及近年来新研发的基于"T"字形架和平顶大棚架的双层叶幕架。平地 3 种架式均可采用，但山地宜采用"T"字形架。大棚架均可按需要采用一干两蔓型（见图 3.22）的"Y"字形或一干一蔓型（见图 3.23）或"1288"型（见图 3.24）树形整形。其立柱长 2.5~2.8 米，直径 12~15 厘米，入土 0.5~0.8 米，保证棚架离地高度约 2 米。立柱间距视株行距而定，架面宽度和长度随小区大小而定。架面以 8~10 号塑包钢丝，纵向间距以 0.6 米为宜。

图3.22　一干两蔓型

图3.23　一干一蔓型

图3.24 "1288"型树形

"T"字形架也可按需要采用一干两蔓的"Y"字形或一干一蔓型或"1288"型整形。标准"T"字形架立柱全高2.8米，入土0.8米，地上2米，其横梁长2~3米，横梁上设5~7根8~10号塑包钢丝，支柱顶端1根，横梁两侧各2~3根，架间距为4~6米。

双层叶幕架是在大棚架的基础上在两行猕猴桃之间的立柱上加安可活动的高于棚面3.5~4.0米的支柱，其材料可以是钢架，也可以是竹竿等其他材料。在支柱顶端绑缚牵引线时，其数量应根据更新枝数量而定。牵引线的另一端固定在被选好的更新枝附近的主蔓上。此种架型自上而下可形成营养层、结果层、通风层，最有利于提高果实的商品性，其新梢生长势较为一致，结果均匀、个大、整齐，还可减少日灼。

（四）设施栽培

1 避雨棚

在高温多雨的浙江，既要使猕猴桃获得足够的阳光及温度，确保猕猴桃味道甜美，又要避免猕猴桃因雨水影响而病害严重，产量、品质低下，避雨棚栽培是猕猴桃设施栽培的一种较好形式。猕猴桃避雨棚，一般以畦为单位，在架上方搭拱形避雨棚。避雨棚之间的间隙与畦沟对应，下雨时避雨棚上的雨水滴入畦沟，有利于排水和高温时蓄水调温。

猕猴桃避雨棚，一般以竹木和钢架为主，木质棚容易老化，使用寿命短；金属管材搭建的棚则造价较高，易增加种植的成本。

猕猴桃避雨棚的具体结构：按 4 米间距、2.3~2.5 米行距，在猕猴桃植株间埋设水泥柱，埋入土层深度 0.5 米，地面上留 2 米，每行最外层的水泥柱用斜支柱加固。以 10 亩为 1 个单元，在水泥柱顶部设置有连接水泥柱的铁线，作为水泥柱的上横梁，用铁线将弓形钢线固定在上横梁两端及立柱顶点上，在弓形钢线两端和拱顶处拉有铁线，在两个水泥柱间的顶部铁线上固定有弓形钢线，在水泥柱顶上覆盖有白色透明专用膜，行间盖有防虫网，并用铁线固定好，棚下四周用防虫网封闭，并用重物压住固定防虫网。在每行的两端水泥柱间，距地面 0.4~0.6 米处斜拉有斜线，斜线与上横梁的铁线连接，构成一个倒立三角形，以水泥柱上的两根斜线为支点，在每行的两端距地面一定高度各拉一道铁线（见图 3.25）。

将猕猴桃主蔓绑在离地面 0.8~0.9 米的第一道铁线上，结果母枝及新梢分别引缚在各层铁线上，整株修剪成 "V" 字形架。

猕猴桃避雨棚栽培的优点如下。

（1）减轻病虫害，降低成本。猕猴桃避雨棚栽培可以减少靠风雨传播的病害类型，减少金龟子等害虫及鸟类的为害，使叶果完整，叶片寿命延长。由于避雨防虫栽培中，猕猴桃的叶片和果实不直接接触雨水，从而可以减少病虫害的发生，既节省了农药使用，又能生产出无农药污染的食品。

（2）提高了坐果率和产量，改善品质。猕猴桃避雨棚遮挡了自然雨水，猕猴桃裂果、病害和污染显著减轻，减小了降雨对猕猴桃含糖量的影响。猕猴桃果实单重增加，果形端正，结合紧密，果实可溶性固形物含量和糖酸比均高于露地种植。

（3）提高劳动生产率，保证技术措施的及时实施。猕猴桃生长期降雨日多，由于有了猕猴桃避雨棚，避免了雨日误工，保证了各项技术措施的及时实施，从而提高了劳动生产率。

（4）调节果实成熟期。避雨栽培有利于提高猕猴桃果实的外观品

图3.25　避雨设施

质，也可以人为地操控猕猴桃的上市时间，从而延长了供应期。

2　塑料大棚

由于受气候因素影响，猕猴桃种植长期以来"靠天吃饭"，特别是近年来，猕猴桃生长的关键时期常常伴随着阴雨天气，易造成授粉困难，病虫害增多。而大棚栽培则较好地解决了这些问题。

（1）设施规格。采用宽6米、长30米的普通单栋塑料大棚。棚内排灌沟系配套，铺设滴灌带（水管）2根。用水泥柱子和铁丝搭建平棚架，利于猕猴桃生长期整枝整形。定植前大棚内挖定植沟2条，沟宽60厘米、深70厘米，沟底及两侧铺塑料薄膜，每亩施加高质量商品有机肥3000千克、磷肥50千克作基肥。种植株距2米，宽窄行种植，行距规格1.5~3.0米，每棚种植30棵，雌雄植株种植比例为15：1（见图3.26）。

图3.26 设施栽培

（2）生产应用。

①促成栽培。早春（1月中下旬）大棚覆盖塑料薄膜，增加积温，促使猕猴桃生育期提前，以达到早结果、早成熟的目标。覆膜后，萌芽期的温度调控十分重要，既要防止棚内温度过高而造成起烧苗，又要防止低温袭击，造成刚萌发的芽冻害。因此，萌芽期棚内温度要控制在25℃，加强通风换气，促使早发。一般情况下，大棚猕猴桃在2月25日左右萌芽，在4月16日左右花期，9月初即可成熟，比露地栽培要早15天左右。

②遮阳降温。长时期强光直射，会使猕猴桃果实表皮出现日晒斑，不仅影响果品外观，还影响口感，降低商品性。同时，高温强光对叶片也会造成伤害，特别是高温干旱条件下会加速叶片老化。通过大棚栽培，在强光高温季节覆盖遮阳网后，可有效减少强光和高温对猕猴桃的伤害，果实日灼显著减少，还可增加绿叶数，使叶面积增大，并减少叶片的蒸腾作用，增强猕猴桃后期长势。露地种植猕猴桃，其可溶性总糖度为16.42%，遮阳覆盖栽培的猕猴桃的可溶性总糖度为16.31%，且果皮光亮，商品性好，基本不降低糖度。

③抗御风灾。猕猴桃枝叶脆嫩，果柄长，难以抵御风灾；浙江沿海地区每年遭遇台风数次，极不利于猕猴桃稳产提质。覆盖薄膜和遮阳膜后，设施大棚成为猕猴桃的避风港，一般台风天气对其生长基本没有影响，能有效确保果品的产量和品质。

（3）栽培要点。

①整形修剪。第一年肥水调匀，培育树势促壮苗，一两次摘心，培育粗壮主干。高度达1.8米时进行第二次摘心，留2个果枝，呈"Y"形平面绑扎，促进生长多积累养分，培育壮枝。秋后形成成熟结果母枝，冬季短修剪，以后冬季的修剪主要根据树势选留结果母枝数。每年萌芽抽生新枝条，至收获期做好枝条绑扎，抗御风灾。

②肥水管理。12月下旬至翌年1月中旬每亩施精制有机肥1500千克、磷肥50千克作基肥。前期每亩施尿素10千克，后期每亩施25%复合肥20千克作催芽肥。授粉后15~20天，每亩施25%复合肥20千克、硫酸钾5千克作膨果肥。采收结束后，及时施好恢复肥，每亩施25%复合肥25千克。

③枝芽管理。猕猴桃枝梢细长易折，应随时注意绑枝和引蔓。当猕猴桃现蕾时，应首先抹除位置不合适的无花芽、过密芽、弱芽。授粉结束后开始摘心，结果枝上最后一个果往上数3~4片叶处摘心，摘心后新生长的枝要及时除去或再次摘心。对枝条基部或位置适宜的壮旺枝要适当长放，培养成第二年结果母枝。

④合理疏果。根据树龄和长势进行合理疏果，疏果应在花后12周内进行，越早越好，对结果多的植株适当疏果，合理叶果比，提高

单果重和糖度。原则上，同花序留单果，并疏除同枝顶果和尾果，一般长枝留3~5个果，中枝留2~3个果，短枝留1~2个果。

⑤适时采收。大棚栽培的猕猴桃一般在授粉后17~18周，8月下旬至9月初果实基本成熟，应及时采收。采收的猕猴桃在常温下存放期较短，常温下5天左右果实变软、糖度升高，应及时食用，在冷藏（0~4℃）条件下，可延长存放期。

⑥适时揭膜。在猕猴桃收获后要适时揭膜，以改善土壤理化性状，防止产生土壤次生盐渍化。同时，也可利用旧薄膜，以减少生产成本。揭膜一般在台风季节过后进行，这样既可减少高温和台风对树体的伤害，又可有效恢复树势。

⑦病虫害防治。猕猴桃病虫害发生较少，原则上全年用好4次药：冬季树干刷白，冬、春季用波美3~5° 石硫合剂各喷1次；花前喷甲基硫菌灵等杀菌剂1次；花期和幼果期注意防治金龟子、叶蝉和红蜘蛛；采果前15天，全园喷施硫菌灵或退菌特等杀菌剂1次。

复习思考题

1. 猕猴桃园地选择的基本要求有哪些？
2. 生产上对猕猴桃品种的选择有哪些要求？
3. 猕猴桃避雨棚栽培有哪些优点？

三、栽植管理

（一）培育壮苗

1 实生苗

（1）苗圃地准备。猕猴桃的苗圃地应选择疏松肥沃、灌溉便利、排水良好、土壤 pH 值为 5.5~7.5 的砂壤土或壤土。黏重的土壤下雨时易涝，天旱时易板结，不利于猕猴桃幼苗生长，如果用作苗圃地，应混入适量的河砂。据试验，一年生猕猴桃幼苗在轻黏壤土条件下，根的总长度为1538.1厘米，根重9.47克；而在细砂壤土条件下，根的总长度为2617.8厘米，根重27.5克。所以，苗圃地以细砂土壤为好。在病虫为害严重的地块或连作的苗圃地不宜育苗。

精细整地对确保猕猴桃种子有较高的发芽率和苗木的健壮生长十分重要。苗圃地先要施足基肥，深翻、整平，捡净石块、草根等杂物。基肥应使用经过堆沤腐熟的牛粪、猪粪等农家肥，施肥量每亩4000~5000千克，还应加入适量的磷钾肥。播种前2周，用五氯酚钠、菌毒清、菌必净等药物进行土壤消毒，喷洒消毒药剂在地面后深翻耙细。

（2）种子采集及保存。猕猴桃种子细小，其千粒重只有0.8~1.6克，且其外种皮薄而易受害。种胚约于花后110天达到其充分大小。

播种繁殖应选用种子发芽好、实生苗长势旺的品种，如布鲁诺、米良1号是最常用的，一些生长势强的中华猕猴桃品种的种子也适于播种繁殖。用于播种的种子取出后一般先储藏，但其发芽率随储藏期延长而下降。要获得较好的种子发芽率，首先要求种子适度干燥，其含水量4%~6%；其次要求低湿冷藏，湿度小于30%~50%或置于密闭容器内。种子发芽率受果实成熟度、种子储藏状况、品种等因素的影响。杂交种子有时较难萌芽。

用于留取种子的果实最好选用经冷藏（0~5℃）几周或几月的完全软熟的大果。可用搅拌机对软熟果进行短时间的低速搅拌，被粉碎的果肉再用水冲洗，则容易与种子分开。将获取的种子进行适度干燥处理，并完全分离与果肉黏附在一起的种子。若种子取自未经冷藏的果实，则播种前必须进行层积处理。播种前，应除去小的和不成熟的种子。种子萌芽的好与差，取决于品种间的差异、种子的来源、种子的储藏处理和萌芽的条件。

（3）种子层积处理。种子处理要看是冬播还是春播。冬播日期一般在当年11—12月，只要将种子拌匀5~10倍种子量的沙，直接散播于苗床就可以了，不需要再进行任何处理，但冬播种子在苗床时间过长，管理和出苗都比较困难；如果是春播，则应对种子进行播种前处理。猕猴桃种子春播前若不经层积处理，其萌芽率非常低。层积处理结果显示，在 4.4℃条件下，层积 6~8 周可改善种子萌发，层积 2 周以上并结合萌发过程中的昼夜温度变化，则萌芽较好较快。在 4℃且湿润的条件下，层积 5 周以上，而后每天进行 21℃ 16 小时和 10℃ 8 小时的变温处理，则萌芽更好。种子播前经层积处理或用 2.5~5.0 克 / 升赤霉素溶液浸泡 24 小时，都能获得很高的发芽率。

猕猴桃种子的处理方法虽多，但以沙藏层积处理效果较好，且简单易行。其具体做法：将种子置于 60℃的温水中浸泡 2 小时左右，取出后将其与含水量约为 20％的湿润细河沙（以手捏成团，松手则散为度）均匀混合。用纱布包裹混合均匀的种子，而后埋入装有湿沙的花盆或木桶等容器中。要求容器透气，其底部设有排水口，容器中作为底部铺垫层和顶部覆盖层的湿沙厚度均为 3~5 厘米。最后将其置于阴凉通风处保存，以后每隔半个月左右检查 1 次湿度。为保持湿度的一致性，沙藏期间需上下翻动数次。通常沙藏 40~60 天即可。

（4）育苗基质。为了避免萌芽率低、植株生长差和易感病害等问题，有必要选择合适的播种基质和实生苗生长基质。选用标准化的适宜基质可提高生产均匀一致植株的能力。

育苗基质必须具有良好的透气性和排水性，可提供充分和均匀的水分，并且不带病原微生物。目前，根据以下一种或多种来源开发了一些无土基质：泥炭、沙、锯末、浮石、珍珠岩及蛭石。其中，泥炭：沙为 1:1 的混合基质通常比较理想。基质用于盆栽，可减轻其重量而使运输方便；用于培育出口苗木，可从根部洗去基质以满足出口苗木需"净根"的要求。基质配备供肥供水系统和环境调控设施，就能培育出根系发达、生长旺盛、均匀健康的猕猴桃苗木。

猕猴桃实生幼苗易感立枯病，该病主要由丝核菌、镰刀菌和腐霉菌等真菌引起。采用基质消毒及消除有利于发病条件等措施可控制该病害。特别是土壤，种植前务必进行适当处理。土壤可用蒸汽消毒，也可用甲基溴处理，基质中所混入的霜霉威、五氯硝基苯或苯菌灵对预防立枯病是有效的，苯菌灵或克菌丹也可用于种子处理及出苗后灌注或喷雾。而铜制剂等杀菌剂对猕猴桃实生苗具有植物毒性，出苗后不宜使用。

（5）苗木培育。猕猴桃可在晚冬至早春期间进行播种。早播的苗木能长成强壮的植株，并可用于来春嫁接；而迟播的苗木至少要多一个生长季节才能用于嫁接或种植于果园。

为便于移栽和最大限度减少猝倒（立枯病），播前要对播种基质进行消毒，播种深度约3毫米。若白天温度在21℃左右，则播种后2~3周就能发芽。大田一般不适合播种和育苗，最好建立专用设施进行猕猴桃育苗。当苗床中的幼苗长出2~4片真叶时，需要间苗，即将其移栽到托盘或直径为60~80毫米的营养钵中，以后随着苗的长大，不断移栽到更大的营养钵中。苗在生长过程中将逐渐变得耐寒，之后移栽到苗圃地或者大田里。这种用于培育苗木的苗圃地或大田应装备遮阳和灌溉等设施，并要求土壤有利于壮苗生长和无病虫害。

猕猴桃容器（营养钵）育苗一般不能长于一个生长季节，否则因根系生长受限制，其长势会发生问题。故实生苗在嫁接前通常需要在苗圃地或者果园进入它的第二个生长季节，而且要求继续保持其只有一根直立而粗壮的茎干。对于大田种植的猕猴桃，可通过整形和支撑促使其一干始终直立向上，从而获得更为理想的树形。在移栽和调苗时，应进行苗木分级，去除等外苗和劣质苗。建立猕猴桃园，其苗木一般于冬季种植。要求苗木健康，具有粗壮（直径＞10毫米）、直立的茎干、发达的须根系统；对于嫁接苗，必须品种纯正、品种名明确。

地膜覆盖、人工除草等方法可有效控制杂草。对于不到一年生的幼树，种植在轻砂壤土上，一些残留的除草剂会引起伤害。为了安全起见，猕猴桃园不要建立在有除草剂残留的土壤上，同时必须避免除草剂雾滴飘移到猕猴桃幼树上。

2 嫁接苗

嫁接育苗是猕猴桃常用的繁殖方法。

（1）砧木选择。嫁接繁殖除要选择优良品种外，还要选择合适的砧木，即砧木应适应当地栽培条件、根系发达、与栽培品种亲和性好及生产性能优良。在浙江，中华猕猴桃适应性较好，用作砧木的较多，但也有用美味猕猴桃作为砧木的情况。其他种类的猕猴桃也可用作栽培的砧木，但不同砧木与栽培品种的亲和性不同。据福建果茶研究所试验，结果表明：在中华猕猴桃、毛花猕猴桃和阔叶猕猴桃上嫁接中华猕猴桃亲和性均较好，在阔叶猕猴桃上嫁接美味猕猴桃时亲和性较差，萌芽率和新梢生长量均较低。

嫁接用的砧木应是生长健壮、无病虫为害的植株，砧木基部的嫁接部位应光滑、平整，直径应达到 0.8 厘米以上。

（2）接穗采集与储存。接穗的采集分为休眠期接穗采集和生长期接穗采集。无论什么时间采集接穗，都应采集健壮的枝条，即在母树上生长充实、芽体饱满、无病虫为害的枝条。边采集，边按品种绑成小捆，并加上标记。

①休眠期接穗的采集：最好是在 2 月初伤流期前，这一时期猕猴桃还在休眠中，且距嫁接时间较近，储存时间较短，也可在 1—2 月结合冬季修剪采集接穗。较早采集的接穗要注意妥善储存，储存接穗的关键是控制温度和湿度，储藏温度要低于 5℃，湿度基本饱和。不能使其受冻、失水、损伤、霉变或芽子萌动，要使接穗一直处于休眠状态，并保持接穗新鲜、内皮仍然鲜绿。

休眠期接穗的储存办法：选一处阴凉的地方挖沟，沟宽约 1 米、深 1 米，长度可按接穗的数量而定。将冬季剪下的接穗捆成小捆，用标签注明品种，埋在沟内，上面用湿沙或疏松潮湿的土埋起来。要注意不能在埋完接穗后灌水，以免因湿度过大，无法通气而霉烂。在埋沙或土时，尽量使沙（土）与接穗充分接触，每放 1 层接穗要覆盖 1 层沙（土）。冬季储藏接穗，常出现的问题是后期高温。温度高时，接穗即从休眠状态进入活动状态，呼吸作用增强，就会消耗养分，引起发芽，严重时皮色变黄变褐，甚至霉烂，所以必须一直保持低温，嫁接前使接穗仍处于休眠状态。从冬季剪下到春季嫁接时间很长，要注意经常检查，保持合适的储存湿度和温度。远距离邮寄接穗以冬季为好。

②生长期接穗的采集：一般是在嫁接前随用随采，要选择已经木质化的枝条上的饱满芽。由于生长期的温度较高，枝条采下后要立即把它的叶子剪掉，只留下一小段叶柄。生长期的接穗不能放入低温冰

箱中，因为大气温度都在20℃以上，一旦接穗的温度下降到5℃，就可能发生冷害。如果要利用空调房间存放，必须将温度调到10～15℃为宜。远距离引种，则要求把接穗放入低温保温瓶中，这样可以保存约1周的时间。

（3）嫁接时期。嫁接时期分春、夏、秋三个阶段，最佳时期视实际情况而定，生产上多数选择春季嫁接。

春季嫁接一般在2—3月进行，使用储藏的一年生枝条作为接穗。猕猴桃的枝条髓部大，伤口容易失水干枯，而且有伤流，一般在萌芽前（即伤流发生前）或叶子长出后（即伤流停止后）嫁接。在伤流期嫁接，伤流大会影响嫁接成活率。早春嫁接砧木和接穗组织充实，储藏的营养较多，温、湿度有利于形成层旺盛分裂，容易愈合，成活率高，成活后生长期长，优质苗出圃率高。

夏季嫁接以6月为好，此时在接穗木质化后，温度最适宜猕猴桃生长，伤口愈合快。一般来说，在嫁接后7～10天即可萌芽抽梢。夏季高温、干燥时，最好不要嫁接。

秋季嫁接以8月中旬至9月中旬为好。此时形成层细胞仍很活跃，当年嫁接愈合，翌年春萌发早，生长健旺，枝条充实，芽饱满。秋季嫁接后不宜剪砧木平茬，不能让接芽萌发，过迟接芽虽能愈合，但是到了冬季却容易冻死。

（4）嫁接方法。猕猴桃的嫁接方法主要有切接、劈接、腹接、芽接等，其嫁接成活率均可超过95%。当需要大量嫁接时，选择切接或劈接的效果更令人满意。为了保证芽萌发，接穗最好带有2个芽。嫁接中，砧木与接穗的切面要对准，两者形成层对齐，紧密捆绑几个环节较重要。为防干燥（尤其是夏接），接穗的顶端应密封。嫁接成活后，应去掉绑带或绑条。嫁接部位以下的抽生的芽在早期都要抹除。老龄猕猴桃树可在棚架面下再嫁接，并能迅速使其恢复生产。因此，抽生的单一枝梢应作适当支撑，确保其不被折断，并成为笔直向上的树形，待冬季置于架面上（见图3.27）。

①切接：要求接穗粗度较一致。在接穗上选1～2个饱满芽，在芽下3.5～4.0厘米处下刀，呈45°角斜切断接穗，在芽对面下方约1厘

图3.27 嫁接

米处下刀，顺形成层往下纵切，稍带木质部，直至第一刀切断处，最后在芽上方3厘米处剪断，即为嫁接枝段。在需要嫁接处剪断砧木，剪口要平、光，选平直光滑面，从剪口顺形成层往下削，稍带木质部，其削面长3~4厘米，与接穗削面基本相符，再削去切离部分的1/3。将接穗长削面与砧木切口对齐，砧木的外皮包住接穗，用塑料薄膜条绑紧，露出芽即可。

②劈接：接头粗度在1厘米左右可采用劈接法。劈接，首先用嫁接刀将接穗的下端削成斜面长2~3厘米的楔形削面，楔形一侧的厚度较另一侧略大，接穗上剪留1~2个饱满芽，削面要一刀削成，平整光滑。用刀在接头正中间切开，深度为4~5厘米，将削好的接穗从接口中间插入，两边形成层对齐。如果粗度不符，应尽量保证一边形成层对齐。

③单芽枝腹接：由接穗切带一个芽的枝段，在芽的正下方削50°左右的短斜面。在芽的背面或侧面选一平直面削3~4厘米长，深度为刚露木质部的削面。砧木选平滑的一面从上而下切削，仍以刚露出木质部为宜，削面长度略长于接穗削面，将削离的外皮切除长度的2/3，保留1/3。然后将接穗插入，使两者的形成层紧密吻合。用塑料薄膜

条包扎，露出芽即可。

④单芽片腹接：在接穗的接芽下1厘米处下刀，呈45°斜削至接穗周径的2/3处，在芽上方1厘米处下刀，沿形成层往下纵切，略带木质部，直到与第一刀口底相交，取下芽片，全长2~3厘米。砧木选平滑的一面按削接穗芽片的同样方法切削，使切面稍大于接芽片。将芽片嵌入砧木切口，对准形成层，上端最好露出一点破皮层，促进形成愈伤组织。嵌好芽片后用塑料薄膜条包扎，露出芽即可。

3 扦插苗

（1）嫩枝扦插。由于嫩枝扦插能快速生产优质苗，因此已成为常用的繁殖方法。插穗常于初夏采集，此时的枝梢正处于半木质化。插穗可取自盆栽砧木、砧木母树和果园修剪下来的枝条。

理想的插穗粗0.5~1.0厘米、长10~15厘米，具有相对短的节间。未成熟的"水枝"不可取。有利于旺盛幼嫩组织形成的条件将促进插穗发根。插穗的发根情况与其在枝梢上所处的位置有关。发根最好的为第9~12节。雌、雄植株之间的发根情况基本相似。

取下的插穗应保持"膨胀"，因为此时叶片和春梢正处于生长时期，插穗离体后在很短的时间内会迅速失水并使叶片受损害。功能叶片水分的缺失将使发根率大幅度降低。

在任何情况下，所繁殖的品种务必纯正，因为在苗期难以正确区分。在节位上或在节间上的扦插条，按等分剪成长度约为10厘米（或20厘米以上）的插穗，并在其基部削成一个1厘米长的斜面。在插穗上保留20%~50%的叶片。选留时，可在叶片中间横向剪去半张叶片，也可按叶片的自然形状剪成圆弧状。

最好将插穗用杀真菌剂或杀虫剂进行浸泡处理，以有效防控在高温高湿繁殖条件下易发生的红蜘蛛及其他病害。插穗经吲哚丁酸处理可提高扦插生根率和成活率。

当选择旺盛幼嫩的枝梢作插穗时，它的发根良好、萌芽一致，因此，其扦插繁殖是最为成功的。通常5—7月初被认为是果园采集插穗的最佳时期。经过了此阶段，虽然成熟枝条会充分发根，但萌芽率不高且缺少作为一年生植株生长所需的合理阶段。育苗设施多种多样，从小型拱棚到大型温室都可供选择。最好在苗床上扦插，或者在直径为50~70毫米的营养钵上扦插。盆（钵）栽基质最好选用泥炭：浮石为1∶1的混合基质，其内不加矿质营养。通过迷雾喷施系统对插穗进行间歇式喷雾，迷雾喷施系统受控于电子叶或时钟，由此将间歇时间控制在合适的范围内。如在繁殖的第一个10天里，每隔20分钟喷雾10秒钟，然后在以后的3~4周内慢慢减少。猕猴桃插穗对根伤害十分敏感，特别是对由高浓度肥料引发的损害。因此，只有当插穗的根系长成后，才能将其植于具有营养平衡的基质里。若插穗在含有养分的基质里发根，则在6周的发根期内，基质里的营养会缓慢地积累成较高的浓度状态，这对早期的发根将造成不良的影响。繁殖第6周停止喷雾，此时根系已发育，应该准备好被移入遮阳大棚内。接下来的2周，根系将进一步发育。在这个时期，活性芽将膨胀，在某些情况下可伸长到约10厘米。为此，扦插8周后有必要换成更大的营养钵，如直径为12厘米，在当年的生长季里，植株将增长至少15~30厘米，因此直径为12厘米的营养钵较适宜。

嫩枝扦插的关键是时间的选择和插穗的类型选择，特别是喷雾时对水分的控制要恰到好处。选用一种可自由排水的基质也十分重要，以保证其在插穗发根和以后的生长期间足够透气。

（2）硬枝扦插。对于猕猴桃繁殖，硬枝扦插不如其他繁殖方法可靠。用该繁殖技术，发根率通常只有60％，故在商品化育苗中，由硬枝扦插繁育的苗木所占的比例较小。

插穗选用在上一年夏季生长（夏梢）的充分成熟的休眠枝，取下后冷藏或立即使用。插穗至少有2节的长度，在其基部斜削成一个小斜面，并用IBA对其进行浸渍处理。然后，将插穗深插入湿润的发根基质中。发根基质可铺设在专用的繁殖床上，也可置于田地上，并用地膜覆盖。在春季开始抽梢时，为了防止干燥，需要遮阳和灌水，因为此时只有少量的根发育。粗质的生根基质比细质的发根效果更好。

（3）根插。根插能诱导猕猴桃的根抽生枝梢，从而产生新的植株。相比较之下，由于枝扦插、嫁接等育苗技术比其更有效、更成功，故这种繁殖技术显得不太必要。根插的主要限制因子是，需要确保供给要繁育品种的健康根源。根可于冬季从苗圃中被掘起的二年生苗中获得，根插条要求直径为0.5~3.0厘米，剪成5~7厘米的长度，而后置于苗圃地或繁殖地，其土壤需要消毒，不然则选用另外的合适基质。为产生好的枝梢，插条应垂直或水平地置于生根基质内，水平方向的插条将产生最大量的枝条。垂直扦插的插条注意不能上下颠倒。在温暖条件下（25℃）经过约3周，从根的近端切面将抽生出一些绿枝。插条经苄氨基嘌呤浸泡后，可提高抽梢比例。

扦插约8周后，枝梢已伸长，此时可与根插条分离。当根插条还能产生新枝叶时应保留，使其继续抽生枝梢，从而产生新的植株。长成的幼株经施肥后逐渐变得耐寒，然后移入温室大棚。

4 主要质量指标

（1）猕猴桃苗木主要质量指标如下。

①饱满芽数：嫁接口以上的饱满芽数。

②根皮与茎皮损伤限度：自然、人为、机械或病虫引起的损伤。无愈伤组织的为新损伤处，有环状愈伤组织的为老损伤处。这些均应达到所属等级的限量标准。

③侧根基部粗度：侧根距茎基部2厘米处的直径，应达到所属等级的限量标准。

④全根：根系在起苗后保持完好无损，没有缺根、劈裂和断根。

⑤苗干粗度：嫁接苗是指嫁接口上5厘米处茎干粗度，均应达到所属等级的粗度标准。

⑥苗干高度：地面到嫁接品种茎先端芽基部的长度，应达到所属等级的高度标准。

⑦扦插苗苗干粗度：当年生扦插苗苗干粗度指扦插苗干上距原插穗5厘米处苗干的直径；二年生扦插苗干粗度是指扦插苗干上距原插穗160厘米处苗干的直径，这些均应达到所属等级的粗度标准。

⑧苗木年龄：实生砧木苗要求砧木生长1年；嫁接苗要求砧木生

长1年，嫁接后生长1年；扦插苗要求扦插后生长2年；三年生以上的苗木定为不合格苗。

（2）猕猴桃苗木质量标准具体规定见表3.1。

表3.1　猕猴桃苗木质量标准

项目		级别		
		一级	二级	三级
品种砧木		纯正	纯正	纯正
侧根数量		4条以上	4条以上	4条以上
侧根基部粗度		0.5厘米以上	0.4厘米以上	0.3厘米以上
根长度		全根，且当年生根系长度最低不能低于20厘米，二年生根系长度不能低于30厘米		
侧根分布		均匀分布，舒展，不弯曲盘绕		
除去半木质化以上嫩梢的苗木高度	当年生种子繁殖实生苗	40厘米以上	30厘米以上	30厘米以上
	当年生扦插苗	40厘米以上	30厘米以上	30厘米以上
除去半木质化以上嫩梢的苗木高度	二年生种子繁殖实生苗	200厘米以上	180厘米以上	160厘米以上
	二年生扦插苗	200厘米以上	180厘米以上	160厘米以上
	当年生嫁接苗	40厘米以上	30厘米以上	30厘米以上
	二年生嫁接苗	200厘米以上	180厘米以上	160厘米以上
嫁接口上5厘米处茎干粗度	低位嫁接当年生嫁接苗	0.8厘米以上	0.7厘米以上	0.6厘米以上
	低位嫁接二年生嫁接苗	1.6厘米以上	1.4厘米以上	1.2厘米以上
	高位嫁接当年生嫁接苗	0.8厘米以上	0.7厘米以上	0.6厘米以上
	高位嫁接二年生嫁接苗	1.6厘米以上	1.4厘米以上	1.2厘米以上
饱满芽数		5个以上	4个以上	3个以上
根皮与茎皮		无干缩皱皮	无新损伤处	陈旧损伤面积<1平方厘米
嫁接口愈合情况及木质化程度		均良好		

（二）适时栽植

1　栽植时期

猕猴桃栽植可分为秋季栽植和春季栽植。秋季栽植从落叶前到封冻前都可进行，此时苗木正在进入或已经进入休眠状态，体内储藏的营养较多，蒸腾量很小，根系在地下恢复的时间较长，来年苗木生长较旺盛，但秋季栽植苗木在冬季易受寒流冻害威胁，造成枝干死亡，所以栽植后最好堆土防寒。春季栽植在土壤解冻后直到芽萌动前进行，越早越好。春季栽植有利于苗木免受冬季寒流冻害的威胁，减少苗木损失的概率，但根系恢复时间较短，当年长势不如秋季栽植好，所以最好选择秋季栽植。无论秋季栽植还是春季栽植，都要注意防止根系受冻（见图3.28）。

2 栽植方法

栽植前，按栽植密度要求，确定定植点，在定植点上挖定植穴，定植穴上口直径80~100厘米、深度超过60厘米。另外，可直接挖定植带，定植带宽80厘米、深60厘米，定植带比定植穴更有利于排水。若园地坡度很小，种植带的走向可以与坡度方向一致，这样便于排水；如果园地坡度较大，则种植带的走向要接近等高线，最好是外端略高于里端，这样既便于排水，又不至于造成水土流失。

定植时，视土壤状况对定植带（穴）进行填充。若土壤偏黏，则在定植带（穴）中要掺入泥炭或腐熟的碎树皮、干草、锯木屑等，上面覆10厘米左右的土，以避免未腐熟的植物残体与苗木根系直接接触。也可在种植带（穴）土壤的下层预施农家肥（50~100千克）和少

图3.28 种植

量磷、钾无机复合肥作底肥，并将肥料与土充分混合，上面同样覆一层土，最好每穴再施饼肥约2千克。下层施肥有利于根系向纵深发展。种植穴（带）做成馒头状，放置一段时间后，等到种植穴（带）馒头状变平后定植。

定植时，若发现根系上有瘤状物，则应全部剪除，同时剪去受伤的根，或稍修剪一下苗木根系，这样有利于发新根。然后，将苗放置穴中央，理顺根系，防止窝根，扶正苗木，使接口面向迎风面，一边将细表土填盖根部，一边向上轻提苗木，使根系舒展，与土壤紧密接触，然后继续培土至土面略高于根颈部为宜，但不能将嫁接部位埋入土中。及时浇透水，待水完全渗下后再覆盖一层疏松薄土，培成馒头状。

栽植密度依品种、土壤质地、地势及架式而定。通常山地比平地密，土壤肥水条件差的比肥水条件好的密，弱势品种比强势品种密。目前常采用的株距及每亩株数为3米×4米（56株）、4米×4米（41株）、4米×5米（33株）。为了提高初果期产量，可采用计划密植的方法，即在株间增加1株，等到影响生长结果时，间伐中间株。

3 栽后管理

定植后在嫁接口部位以上2~3个饱满芽处短剪进行定干，高度约30厘米，以促其枝蔓旺盛生长。定干后，在苗旁立一杆状物，将苗绑缚其上，使苗直立生长，并注意不能缠绕，在上架前始终保持"一干"笔直向上。当生长明显减弱时，进行短截或摘心，确保主干旺盛生长。栽后管理要保持土壤湿润状态，但不渍水。高温下对幼苗进行遮阴，薄肥勤施，以氮肥为主。

复习思考题

1. 如何选择猕猴桃嫁接育苗的砧木？
2. 猕猴桃有哪些嫁接方法？
3. 怎样做好猕猴桃的栽后管理？

四、整形修剪

（一）整形

猕猴桃是多年生作物，经济寿命可以超过 50 年。整形可以使猕猴桃形成良好的骨架，使枝条在架面合理分布，充分利用空间和光能，便于田间作业、降低生产成本；调整地下部与地上部、生长与结果、营养生产与分配的关系，可尽可能地发挥猕猴桃的生产能力，实现优质、丰产、稳产，延长结果年限。

整形的优劣直接影响到猕猴桃以后多年的生长结果，因此从建园开始就应按照标准整形，成龄后对不规范的树形再进行改造就比较费事。整形因栽培架式不同而有所差异，目前常用的有大棚架和"T"字形架两类。大棚架多采用一干两蔓的"Y"字形，而"T"字形架则选用一干二蔓型的"Y"字形或一干一蔓型。

1　一干两蔓的"Y"字形整形

"Y"字形整形较为普遍，一种方法是让主干直立向上，当其长至离棚面 30 厘米时摘心，以促其分枝，选 2 根方向相反、生长健壮的枝条分别作为第一和第二主蔓，形成一干两蔓的"Y"字形。另一种方法是让直立向上的主干生长直至高出棚面，然后在其棚下离棚面 30 厘米左右处弯曲，以在其弯曲部位诱发副梢。所发生的副梢作为第二主蔓，而主干被弯曲的上端部分为第一主蔓。无论选用哪种方法，在"Y"字成形期间，第一主蔓和第二主蔓均需用小竹竿引缚，使其各自与棚面呈 45° 生长，并逐步移动小竹竿，使引缚其上的主蔓逐渐靠近棚面，直至被固定在棚面上为止。两主蔓在架上护养到位后，同侧每隔 25~35 厘米培养 1 个侧枝，即结果母枝，与主蔓垂直。整个整形过程一般需要 3~4 年。但若苗木质量高，立地条件好，管理得当到位，定植当年即可形成具有较多侧枝抽生的两大主蔓，并于翌年开花结果，即"一年上架成形，两年开花结果，三年开始投产"。

2 一干一蔓型整形

一干一蔓型整形少有应用，其主要操作过程是当主干延伸到棚下20~30厘米时，弯曲呈45°上棚，上棚后主干水平笔直延伸，抹除棚下弯曲部抽发的腋芽，从而形成一干一蔓型。在这一蔓上培养侧枝，即结果母枝，与主蔓垂直。该种树形株距可以视情况加密。

3 "1288"型整形

所谓"1288"型整形，即1个主干、2个主蔓、2个主蔓上各培养8个结果母蔓。生长势相对较弱的中华猕猴桃可以采用该种树形。其培养方法前1~2年与一干两蔓型的"Y"字形整形相同，主要在第三年2个主蔓上的结果母枝各控制在8根，之后每年轮换更新结果母枝，持续抽生年轻旺盛的结果母枝，使其树形整齐。

（二）修剪

猕猴桃的生长势特别强，枝长叶大，又极易抽生副梢，无论采用何种架形，每年都要通过修剪调节生长和结果的关系，使植株保持强旺的长势和高度的结实能力。

猕猴桃的修剪按时期分为冬季修剪（见图3.29）和夏季修剪。一

图3.29 修剪

年四季除伤流期外均可修剪。落叶到伤流前期称冬季修剪，简称冬剪，又称休眠期修剪；萌芽至落叶时期修剪称生长期修剪，又称夏季修剪，简称夏剪。猕猴桃经济寿命较长，且雌雄异株，故其修剪方法因树龄和性别而应有所变化。

1 冬季修剪

冬季修剪的主要任务是选配适宜的结果母枝，同时对衰弱的结果母枝进行更新复壮。

（1）初结果树的修剪。初结果树一般枝条数量较少，此时修剪的主要任务是继续扩大树冠，适量结果。冬剪时，对着生在主蔓上的细弱枝剪留2~3个芽，促使翌年萌发旺盛枝条；长势中庸的枝条修剪到饱满芽处，以增加长势。主蔓上的上一年结果母枝如果间距在25~30厘米，可在母枝上选择一个距中心主蔓较近的强旺发育枝或强旺结果枝作为更新枝，将该结果母枝回缩到强旺发育枝或强旺结果枝处；如果结果母枝间距较大，可以在该强旺枝之上再留一个良好发育枝或结果枝，形成叉状结构，增加结果母枝数量。

（2）盛果期树的修剪。一般第6~7年生时，树体枝条完全布满架面，猕猴桃开始进入盛果期，冬季修剪的任务是选用合适的结果母枝、确定有效芽留量并将其合理地分布在整个架面，既要大量结优质果获取效益，又要维持健壮树势，延长经济寿命。

结果母枝优先选留强旺发育枝，在没有适宜强旺发育枝的部位，可选用强旺结果枝及中庸发育枝和结果枝。结果母枝在架面的距离对结果的性能和果实的质量有明显的影响，单位面积架面上的结果数量和产量随着结果母枝间隔距离的减小而增大，但单果重、果实品质随结果母枝间距的减小而降低。从丰产稳产、优质和翌年能萌发良好的预备枝等方面考虑，强旺结果母枝的平均间距应在25~30厘米为好。

猕猴桃单位面积的产量是由每个植株上结果母枝数及其上着生的果枝数、每果枝果实数和平均单果重等几个因素决定的。当植株枝条布满架面之后，冬季修剪时要根据单株的目标产量及这几个影响产量构成因素之间的关系，大体上计算出单株平均留芽数。计算的公式为：

单株留芽数 = 单株目标产量（千克）/ 萌芽率（%）/ 果枝率（%）/
每果枝结果数 / 平均单果重（千克）

公式中的萌芽率、每果枝结果数以及平均单果重等数据，可在生产中对每个品种经 2~3 年的调查即得到。修剪完毕后，整株树要留足结果母蔓，每个结果母蔓上须保留足量的有效芽。所留的结果母蔓和有效芽的数量因品种不同而有差异。对于海沃特品种，全树保留 25 个左右结果母蔓，长结果母蔓留芽 8~10 个，中结果母蔓留芽 6~8 个，短结果母蔓留芽 3~4 个。海沃德的有效芽数为每平方米 30~35 个，所留的结果母蔓均匀地分散开，并呈平行分布，被固定在架面上。

猕猴桃枝蔓的髓部大而中空，组织疏松，水分极易蒸腾，而且伤口的愈伤组织形成较慢，剪口下易干枯。因此，修剪时，剪口不宜离芽太近，应留出 2 厘米左右，以保护剪口芽。此外，冬剪还要考虑不同年龄时期的生长发育特点，使幼株及时成形；使成年树年年丰产；使老树复壮、延长结果年限。

2 夏季修剪

夏季修剪，即生长期修剪，泛指从萌芽后至落叶前的修剪，但主要集中于 4—8 月进行。猕猴桃的新梢生长特别旺盛，徒长枝长度可以超过 3 米，新梢上极易抽生副梢，叶片又较大，夏季若放任生长，常常造成枝条过密，树冠郁闭，导致营养无效或营养消耗过多，影响生殖生长和营养生长的平衡，不利于果实的膨大和果实品质的提高，还会影响到翌年的花芽质量。夏季修剪是冬季修剪的继续，其目的在于改善树冠内部的通风、光照条件，调节树体养分的分配，以利于树体的正常生长和结果。

（1）抹芽。抹芽就是除去刚发出的位置不当的芽或过密的芽，以达到经济有效地利用养分、空间的目的。从春季开始，主干上常会萌发出一些潜伏芽长成势力很强的徒长枝，根蘖处也常会生出根蘖苗，这些都要尽早抹除。从主蔓或结果母枝基部的芽眼上发出的枝，常会成为翌年良好的结果母枝，一般应予以保留。由这些部位的潜伏芽发出的徒长枝，可留2~3个芽短截，使之重新发出二次枝后长势缓和，培养为结果母枝的预备枝。对于结果母枝上抽生的双芽、三芽，一般只保留一芽，多余的芽及早抹除，即抹芽（见图3.30）。抹芽一般从芽萌动期开始，大约每隔2周进行一次，抹芽如果进行得及时、彻底，能避免大量营养的浪费，并大大减少其他环节的工作量。

图3.30　抹芽

（2）疏枝。猕猴桃的叶片大，光线不易透过，成叶的透光率约为7.9％，在果树作物中属于较低。其他果树呈圆锥状树形，层次多，接受光照的表面积大，而猕猴桃的树冠呈平面状，容易造成树冠内膛遮阴。光照不良的枝条光合效率很差，由于营养就近供应的特性，这些枝条不能得到充足的养分，叶片会长期处于营养缺失状态。在这些枝条上着生的果实生长不良，糖度低，果肉颜色变淡，储藏性降低，花芽发育不良。要想获得正常的营养生长、较高的产量与果实质量，并确保翌年足够的花量，必须使架面的叶片都能得到较好的光照。在初夏架面下有较多的光照斑点时，表明架面的枝条不过密，下层的叶片也能得到相当的光照。

疏枝从5月下旬左右开始，6—7月枝条旺盛生长期是疏枝的关键时期。在主蔓上和结果母枝的基部附近留足下一年的预备枝，即每侧留10~12个强旺发育枝以后，疏除结果母枝上多余的枝条，使同一侧的一年生枝间距保持在20~25厘米，疏除对象包括未结果且翌年不能使用的发育枝、细弱的结果枝及病虫枝等。疏枝后7—8月的果园叶面积指数（植株上全部叶片的总面积与植株所占土地面积之比）应大致保持在3~3.3。

同时，应注意到不同架形树冠内光照分布不同，棚架架面的光照分布均匀，但"T"字形架上午时接受的东边光照量大，下午时接受的西边光照量大，全天每边只能得到大约总光照的60％。据研究，"T"字形架主干附近的光合效率在晴天高出结果母枝末端的60％~85％，在多云天高出结果母枝末端的10％~20％。因此，要注意同时疏除架顶和架面两侧的多余新梢。

（3）绑蔓、引蔓。绑蔓、引蔓主要针对幼树和初结果树的长旺枝，是猕猴桃树体管理中极其重要的一项工作，尤其在新梢生长旺盛的夏季，每隔约2周就应全园进行一遍，将新梢生长方向调顺，不互相重叠交叉，在架面上分布均匀，从中心铅丝向外引向第2、第3道铅丝上固定（见图3.31）。猕猴桃枝条大多数向上直立生长，前期与基枝的结合不是很牢固，绑蔓时要注意防止拉劈，对强旺枝，可在基

图3.31　绑蔓

部拿枝软化后再拉平绑缚。为了防止枝条与铅丝因摩擦而受损伤，绑蔓时应先将细绳在铅丝上缠绕1~2圈再绑缚枝条，不可将枝条和铅丝直接绑在一起。同时，绑缚也不能过紧，使新梢能有一定的活动余地，以免影响其加粗生长。

（4）摘心（剪梢）、捏尖。猕猴桃的短枝和中庸枝生长一段时间后会自动停止生长，但长旺枝的长势特别强，长度可达2~3米。生长旺盛的枝条到后期会出现枝条变细、节间变长、叶片变小，先端会缠绕在其他物体上，给以后的田间操作带来不便，需要及时摘心来进行控制。摘心一般在6月上中旬大多数中短枝已经停止生长时开始，对未停止生长、顶端开始弯曲准备缠绕其他物体的强旺枝，摘去新梢顶端的3~5厘米，以使之停止生长、促使芽眼发育和枝条成熟。摘心一般隔约2周进行一遍。但主蔓附近为翌年培养的预备枝时，不要急于摘心，应待顶端开始缠绕时再摘心。摘心后发出二次枝，顶端开始缠绕时再次摘心。

复习思考题

1. 猕猴桃一干两蔓的"Y"字形整形技术要点有哪些？
2. 初结果树的冬季修剪技术要点有哪些？
3. 猕猴桃抹芽的技术要点有哪些？

五、花果管理

（一）疏蕾授粉

1 疏蕾

猕猴桃易形成花芽，花量比较大，只要授粉受精良好，绝大部分花都能坐果，几乎没有因新梢生长的竞争而造成的生理落果。如果将植株上所有的花、果都保留下来，不但果小质差，还会使树势衰弱，导致结果出现大小年现象，甚至导致植株死亡。同时，花在发育、开放过程中会消耗大量营养，如果疏除不必要的花，就可以使保留下来的花获得更多的营养，从而得到更好的发育。猕猴桃的花期很短，但蕾期较长，一般不会因疏花而提前疏蕾。

疏蕾通常在侧花蕾（猕猴桃的雌花多数是一个花序，由中心花蕾和两边的侧花蕾组成）分离后2周左右开始，先按照结果母枝上每侧间隔20~25厘米留1个结果枝的原则，将结果母枝上生长过密的、较弱的结果枝疏除，保留强壮的结果枝。同时，疏除结果枝上的侧花蕾、畸形蕾、病虫为害蕾，再按照结果枝的强弱调整着生的花蕾数量，强壮的长果枝留5~6个花蕾，中果枝留3~4个花蕾，短果枝留1~2个花蕾。果个从基部到顶部逐渐变小，但最基部的花蕾容易产生畸形果，故疏蕾时先将其疏除，需要继续疏蕾时再疏顶部的，尽量保留中部的花蕾。花蕾的大小和形状与授粉坐果后果实的大小和形状关系十分密切，故疏蕾时要注意疏除较小的花蕾和畸形花蕾。

2 授粉

猕猴桃栽培品种绝大多数为雌雄异株，雌花必须完成授粉受精后才能结果。授粉受精良好时，雌花95％以上会结果，且果实生长快、果形大、产量高、品质优。相反，授粉受精不良的果实，果形小、品质差，甚至会中途脱落。人工栽培的猕猴桃园，遇到雌雄株配比不当、花期不遇、雄花量不足、花期阴雨低温以及由于特殊原因没栽雄株等情况时，必须进行人工授粉，不然产量将会大减甚至无收。而且猕猴桃的花期特别短，长的年份可以达1周以上，短的年份只有3~5天，一旦授粉机会错过，全年的收获就无从谈起。

猕猴桃果实大小除了由其品种特性决定外，还与果实内种子数量有关，而种子数量又受授粉的充分程度影响。一般认为，授粉效果影响果实种子数量，从而影响果实大小，即果实中种子数量的多少与果实大小成正比，种子数量越多，果实越大，口感越好。一个发育正常的美味猕猴桃果实，其种子数通常需要800~1200粒，而中华猕猴桃的果实种子数则需要600~1000粒。

猕猴桃虽然是风媒花，能够借助风力授粉，但其花粉粒大，在空气中飘浮的距离短，所以，依靠风力授粉效果并不好，必须依靠昆虫授粉或人工授粉来提高授粉效果。

（1）昆虫授粉。可给猕猴桃授粉的昆虫很多，包括野生的土蜂、大黄蜂等，但主要还是靠蜜蜂授粉。蜜蜂在16~29℃时最活跃。猕猴桃的雌花和雄花都没有蜜腺，对蜜蜂的吸引力不大，所以用蜜蜂授粉时需要的蜂量较大，一般每公顷需要8箱蜜蜂才可以保证正常授粉。当雌花开放10%~15%时，将蜂箱移置于果园内（移置过早会使蜜蜂习惯于园外其他蜜源植物，从而减少采集猕猴桃花粉的次数），同时注意园中和果园附近不能留有与猕猴桃花期相同的植物。一般蜜蜂在雌雄花之间往返3~4次，授粉才有保证。

（2）人工辅助授粉。在猕猴桃花期，如果遇到连续阴雨、低温、大风等天气变化使昆虫和蜜蜂活动受到影响时，必须进行人工授粉。花期没有放蜂的果园，为了达到充分授粉，也应当做好人工辅助授粉工作。人工辅助授粉的方法有对花授粉和采集花粉授粉等。

①对花授粉：采集当天早晨刚开放的雄花，直接对着刚开放的雌花，用雄花的雄蕊轻轻在雌花柱头上涂抹，每朵雄花可授7~8朵雌花。晴天上午10时以前可采集雄花，10时以后雄花花粉散落，但多云天时全天均可采集雄花。采集的雄花一般应在上午授粉完毕，过晚则花粉已散落尽，无授粉效果。采集较晚的雄花可在手上轻轻涂抹，检查花粉数量的多少。对花授粉速度慢，但授粉效果是人工授粉方法中最好、最可靠的。

②采集花粉授粉：采集即将开放或半开的雄花，用牙刷、剪刀、镊子等工具取花药，并平摊于纸上，在25~28℃下放置20~24小时，使花药开放散出花粉。也可将花药放在温度控制精确的恒温箱中，或把花药摊放在桌面上，桌面上方1米处悬挂60~100瓦的电灯泡照射，或在花药上盖一层报纸后放在阳光下脱粉。散出的花粉用100~120目的细网箩筛出，装入干净的玻璃瓶内，储藏于低温干燥处，花粉应在预定授粉时间前2天左右准备好。若有条件，最好用多种雄株的混合花粉，这样可为选择受精创造条件。一般1500朵雄花可收集花粉

10.5克，加入稀释剂后可授雌花3万朵。纯花粉在−20℃的密封容器中可储藏1~2年，在5℃的家用冰箱中可储藏10天以上。在干燥的室温条件下，储藏5天的授粉坐果率可达到100%，但随着储藏时间的延长，授粉后果实的质量逐渐降低，以储藏24~48小时的花粉授粉效果最好。

　　授粉方法主要有以下几种（见图3.32）。

图3.32　授粉

　　一是毛笔点授。用毛笔蘸花粉在雌花柱头上涂抹授粉。

　　二是简易授粉器授粉。将花粉用滑石粉或碾碎的花药壳稀释5~10倍，装入细长的塑料小瓶中，加盖橡胶瓶盖，在瓶盖上插装一细节通气竹棍，用手压迫瓶身产生气流，以将花粉吹向每一个柱头。

　　三是喷粉器授粉。将花粉用滑石粉稀释50倍（质量），使用市面上出售的电动授粉器向正在开放的花喷授。

　　四是喷雾器授粉。为了解决大面积人工授粉问题，也可采用机械喷雾授粉法。将收集的适量花粉加入蜂蜜15~20克、硼砂0.1%、清水4~5千克，用喷雾器向正在开放的花喷授。注意雾化程度要好，一次不能喷洒太多水溶液，否则花粉会随水流失。

上述方法中，用毛笔点授及用简易授粉器授粉适合于小面积人工授粉，每朵花授粉一次，每天上午将当天开放的花朵全部授完，授过粉的雌花第二天花瓣颜色开始变褐，而当天开放未授粉的花仍然是白色，因此能够明显区分开来。用喷粉器和喷雾器授粉适合于大面积人工授粉，在雌花开放 20%、60%、80%及 95%时各授粉一次或每天授粉一次。

暂时不用的花粉，可放在低温、干燥（相对湿度不高于 30%）和黑暗的条件下储藏，以保持花粉的活力。

（二）疏果套袋

1 疏果

猕猴桃的坐果能力特别强，在正常授粉情况下，95%的花都可以受精坐果，除病虫为害、外界损伤等可引起落果外，不会因营养的竞争而产生生理落果。因此，开花坐果以后通过疏果调整留果量尤为重要。同时，猕猴桃子房受精坐果以后，幼果生长非常迅速，在坐果后的 50~60 天，果实体积和鲜重可达到最终总量的 70%~80%，故为了节约树体养分，疏果不可过迟。

图3.33　疏果

疏果应在盛花后约2周开始，首先疏去授粉受精不良的畸形果、扁平果、肩果、伤果、小果、病虫为害果等，保留果梗粗壮、发育良好的正常果（见图3.33）。同时，根据结果枝的势力调整果实数量，海沃德等大果型品种生长健壮的长果枝留4~5个果，中果枝留2~3个果，短果枝留1个果。同时注意控制全树的留果量，成龄园每平方米架面留果约40个，每株留果480~500个，按平均单果重95克计算，每亩产量2200千克。疏除多余果实时，应先疏除短小果枝上的果实，保留长果枝和中庸果枝上的果实。一般疏果时只留中心果，因为侧花座的果总是较小或缺乏商品价值。经过疏果，每个果实在7—8月时平均有4个叶片辅养，即叶果比达到4∶1。

在生产中，果个的大小与售价有密切的关系，影响果个大小的因素包括单位面积留芽量、单株果数、授粉、叶果比、果实种子数、花期、光合效率、果梗形态、解剖、生理状况及栽培实践，如修剪、土肥水管理等。

2　果实套袋

为害猕猴桃果实的病虫害不多，但由于猕猴桃果面不光滑，没有蜡质层，果面易附着尘埃。成龄树由于有较多叶片遮盖在上层，受到的影响相对较小，而刚进入结果期的幼树，枝叶较少，受尘埃的污染较重，在经历了4~5个月的生长期后，到采收时果实表面常变为深灰色或棕灰色，影响外观形象，因而影响到果实在市场的销售。果实套袋，既可以改善果实的外观形象，还可减少尘埃及农药对果面的污染与果实病虫害的发生。套袋后，果面干净变绿，储藏中软化果和腐败果数量降低，但储藏中果实的硬度下降较快，果肉的绿色浅，可溶性固形物约较对照低1%，品质有所下降。

目前猕猴桃上主要使用的套袋为单层黄色纸袋，透气性好，有弹性，防菌、防渗水性好。套袋前细致地喷洒一遍杀虫、杀菌剂，主要清除果面病菌和食果害虫小薪甲等，药液干后即可开始套袋。

套袋时严格选果，中长壮枝宜多套，剔除病虫果，每花序只套一果。一株树或一片园套与不套，要有统一安排，不可有的套袋，有的不套袋。套袋前一天晚上应将纸袋置于潮湿地方，使袋子软化，以利于扎紧袋口。其具体操作步骤如下：左手托住纸袋，右手撑开袋口，使袋体鼓胀，并使袋底两角的通气放水孔张开；袋口向上，双手执袋口下2~3厘米处，将幼果套入袋内，使果柄卡在袋口中间开口的基部（见图3.34）；将袋口左右分别向中间横向折叠，叠在一起后，将袋口扎丝弯成"V"字形夹住袋口，完成套袋。套袋时，注意用力要轻重适宜，方向要始终向上，避免将扎丝缠在果柄上，并扎紧袋口。

图3.34　套袋

落花后50天左右套完。早熟品种红阳从6月上旬开始至中旬结束；晚熟品种海沃德、徐香等从6月中旬开始至7月上旬结束，用时10~15天。套袋过早，容易伤及果柄果皮，不利于幼果发育；套袋过晚，会使果面粗糙，影响套袋效果，果柄木质化不便于操作。套袋应在早晨露水干后，或药液干后进行，晴天一般9—12时和16—18时套袋为宜，雨后也不宜立即套袋。采收前3~5天去袋，或连果袋一起采收。

复习思考题

1. 猕猴桃疏蕾的技术要点有哪些？
2. 怎样做好猕猴桃昆虫授粉？
3. 怎样做好猕猴桃果实套袋？

六、土肥水管理

（一）土壤管理

1 幼龄果园

（1）树盘管理。树冠所能覆盖的土壤范围称为树盘，它随树冠的扩大而增宽，树盘土壤管理多采用清耕法或覆盖法。清耕的深度以不露根为限，深度约为10厘米。也可用各种有机物或地膜覆盖树盘，有机物覆盖厚度一般在10厘米左右，如果用猪栏肥或泥炭覆盖，则可以稍薄一些。

（2）果园间作。幼年果园土壤管理以间作或种植绿肥作物最好。小树栽植后，树体尚小，果园空地较多，可进行合理的间作形成生物群体，群体间可相互依存，充分利用光能和空间，还可改善微区域的小气候，改良土壤，提高土壤肥力，有利于幼树的生长，并可增加收入，提高土地利用率。

①间作种类：应选择植株矮小或匍匐生长的作物，其生长期较短，适应性强，需肥量少，与果树没有共同的病虫害。同时还可种植耐阴性强，经济价值较高，收获较早的作物，如大豆、菜豆、绿豆、豌豆、豇豆、花生等豆科作物，萝卜、胡萝卜、马铃薯、甘薯、生姜等块根、块茎作物，韭菜、大蒜、菠菜、莴苣、瓜类等蔬菜作物（见图 3.35），一般不宜种植高秆作物。

图3.35　猕猴桃套种生姜

②间作种植年限及范围：果树生长较快，阴地面积较大，需肥水多，常与间作的作物争水、争肥。若争水、争肥现象严重，则应缩小间作种植面积或停止间作。一般来说，新果园前 3~5 年可实行间作，进入结果盛期、全园被树荫覆盖时停止间作。

（3）种植绿肥。种植绿肥可以有效地利用土地资源，增加土壤营养元素含量，改善土壤结构，增加土壤中微生物活动，调节土壤水气热状况及酸碱度，促进果树根系生长及地上部分的生长和结实。

①绿肥种类：适宜于酸性土壤的绿肥作物有猪屎豆、饭豆、紫云英等；适宜于微酸性土壤的绿肥作物有黄花苜蓿、蚕豆、肥田萝卜等；适宜于碱性土壤的绿肥作物有田菁、三叶草、紫花苜蓿等。

②绿肥的种植与翻压：播种绿肥后仍需施肥，一般豆科作物作绿肥时，适时地追施一些速效磷肥，可起到"以磷增氮"的作用。绿肥的刈割翻压既不宜过迟，也不宜过早，因为过早则产量低，过迟则茎干老化，难以腐烂。一般在绿肥作物近开花时进行翻压为最好。

2 成龄果园

（1）深翻熟化。猕猴桃建园后的前几年应结合秋季施基肥对果园土壤进行深翻改良，熟化土壤。第一年从定植穴外沿向外挖环状沟，宽、深度各为50~60厘米，尽量不要损伤根系，将优质有机肥与表土混合后施入沟内，再回填底层的生土；第二年接续上年深翻的外沿继续深翻。以此逐年向外扩展，直至全园深翻一遍。砂土园应结合深翻施肥给土中掺入壤土或黏土，黏土园则应掺入沙子。由于猕猴桃是浅根性作物，深翻会切断大量根系，故定植后的前几年逐步全面深翻一遍后不再深翻。

（2）生草栽培。果园生草与传统的清耕法相比，可增加土壤有机质含量，尤其是表层土，有机质向下层依次减少；提高土壤中的氮和速效磷、钾的含量，减少漏水漏肥，以保持水分和养分的供应均衡；改善土壤酶活性，激活土壤中微生物的活动，改善土壤根际微区域环境条件，促进土壤表层中碳、氮、磷素的转化，加快土壤熟化；调节土壤水分，增加水分的沉降与渗透速率，减少土壤水分蒸发，起到蓄水保墒的作用，主要影响10~30厘米深度的土壤含水量。土壤水分多时生草区含水量低于清耕区，土壤水分充足时含水量一般高于清耕区，但土壤水分缺乏时含水量低于清耕区；夏季降低土壤温度，生草区表层土温从11时起至日落一直显著低于清耕区，晴天时最大土壤温差可达4.2℃；改善土壤物理性状，下层土壤容重降低，孔隙度增加；树体叶片光合效率提高，果实含磷、钾水平上升，含氮量下降，可溶性固形物增加。在表层土壤中固相比较高、气相较低，容重增加。

总体来讲，实行生草栽培有利有弊，但利大于弊。它符合当代所倡导的有机农业、生态农业和可持续发展战略，是一种优良的果园土壤管理模式。在实行生草制时，需要扬长避短，采用行间生草、行内覆草的方式。

（3）树下覆盖。覆盖既能防止水土流失，抑制杂草生长，减少土壤水分蒸发，又能增加有效养分和有机质含量。幼树期在树冠下覆盖，直径1米以上，随树龄的增长而扩大；成龄园顺树行带状覆盖，树行每边覆盖宽约1米。材料可用麦秸、麦糠、稻草、玉米秸等秸秆或锯末等，厚度10~15厘米。为防止风吹，可在上面压少量土，覆草逐年腐烂后在秋季施基肥时翻入土中，以后再重新补充新草。为了防止害虫为害根系，覆盖物应距离树根颈部25~30厘米，留出空地。对于冬季修剪下的枝蔓，可仿照国外先进经验，在修剪后将剪下的枝蔓在园内粉碎后撒在树下覆盖，以增加土壤有机质，提高土壤肥力。

（二）肥料管理

1. 合理施肥量

猕猴桃每个生长季节的营养消耗量，是确定每年施肥量的基础。幼树期的营养消耗主要用于形成骨架，初结果期的营养消耗主要用于扩大树冠和结果，而成龄树的营养消耗主要用于枝蔓更新和结果。

合理的施肥量必须根据果树对各营养元素的吸收量、土壤中的各元素天然供给量和肥料的利用率来推算，其计算公式为：

果树合理施肥量 =（肥料吸收量 - 土壤天然供肥量）/ 肥料利用率（%）

土壤的天然供肥量无法直接测得，一般以间接实验方法，用不施养分取得的农作物产量所吸收的养分量作为土壤供肥量。一般氮素的天然供给量约为吸收量的30%、磷为50%、钾为50%。

肥料的利用率是指所施肥料的有效成分被当季作物吸收利用的比例。肥料利用率受土壤条件、气候条件及施肥技术等影响。化学肥料的利用率一般较高，氮为40%~60%，磷为10%~25%，钾为50%~60%。厩肥中氮的利用率决定于肥料的腐熟程度，一般在10%~30%，堆沤肥为10%~20%，豆科绿肥为20%~30%。有机肥料中磷的利用率可达20%~30%，钾的利用率一般在50%左右。

成龄猕猴桃园的氮肥合理施用量 =（氮素年吸收量 - 氮素年

吸收量 × 氮素天然供肥率)/ 氮素利用率 =(158.6−158.6×30%)/40% = 277.6。

表 3.2 是日本猕猴桃园的施肥推荐量。

表3.2　日本不同树龄的猕猴桃园施肥量（全国标准）

（单位：千克／公顷）

树龄	氮素	磷素	钾素
1 年	40	32	36
2～3 年	80	64	72
4～5 年	120	96	108
6～7 年	160	126	144
成龄树	200	160	180

考虑到目前浙江的土壤肥力普遍不高，尤其是有机质含量偏低，土壤的保肥能力不强，有效成分损失较多，故施肥量应比日本的施用量高。表 3.3 是推算出的猕猴桃施肥量并根据我国土壤、气候状况修订后的建议施肥量，使用时可根据本园的实际情况作适当调整。

表3.3　不同树龄的猕猴桃园参考施肥量

（单位：千克／亩）

树龄	年产量	年施用肥料总量			
		优质农家肥	化　肥		
			纯氮	纯磷	纯钾
1 年生	1500	4	2.8～3.2	3.2～3.6	
2～3 年生	2000	8	5.6～6.4	6.4～7.2	
4～5 年生	1000	3000	12	8.4～9.6	9.6～10.8
6～7 年生	1500	4000	16	11.2～12.8	12.8～14.4
成龄园	2000	5000	20	14.0～16.0	16.0～18.0

施肥时，可参考表 3.3 的建议施肥量，根据需要加入适量铁、钙、镁等其他微量元素肥料，并根据果园以往施肥量及生长结果表现进行适当调整，按照氮、磷、钾元素施肥的需要量和施用肥料种类的具体含量进行折算。例如，成龄园每亩施氮素 20 千克、磷素 16 千克、钾素 18 千克，计划每种肥料 60% 作为基肥，其余作为追肥。以施用市面销售的氮（N）15%、磷（P_2O_5）15%、钾（K_2O）15%的三元素复合肥为主，不足的元素用尿素、过磷酸钙（P_2O_5 含量 12%～18%）和氧

化钾（K_2O 含量 48%~52%）补充。由于肥料包装上标明的含量为五氧化二磷（P_2O_5）和氧化钾（K_2O），故计算时先将其转化为磷素（P）和钾素（K）的含量，分别乘以44%和83%，即每亩基肥的需要量为：

磷素需要的三元复合肥量 =16×60% /（15%×44%）= 16/6.6% =145.5（千克）。

钾素需要的三元复合肥量 =18×60%/（15%×83%）=18/12.45% =86.8（千克）。

氮素需要的三元复合肥量 =20×60% /15% = 80（千克）。

可见，施用该三元复合肥80千克，即可满足基肥的氮素需要量。磷素尚需补充的过磷酸钙数量为（16×60%－80×6.6%）/（12%×44%）=81.82（千克）；钾素尚需补充的硫酸钾数量为（18×60%－80×12.45%）/（48%×83%）=2.1（千克）。

2 施肥时期与方法

猕猴桃的生长期分别有萌芽期、开花期、果实生长期、枝条旺盛生长期和果实成熟期，其中果实生长期与枝条旺盛生长期重合。必须针对特定的生长中心，适时施肥才能满足生产的需要。

（1）基肥。基肥是较长时期供给猕猴桃多种养分的基础肥料，猕猴桃新一年生长结果是在上一年发育和营养的基础上进行的，基础的营养状况影响着几乎整年的生长结果表现。

基肥以秋施为好，应在果实采收后尽早施入，宜早不宜晚。时间一般在 10 月中旬至 11 月中旬。这时天气虽然逐渐变凉，但地温仍然较高，根系进入第三次生长高峰，施肥后当年仍能分解吸收，有利于提高花芽分化的质量和下一年树体的生长。

基肥的种类以农家有机肥料为主，配合适量的化肥。施肥量一般应占到全年总施肥量的 60% 以上，包括全部有机肥及化肥中的 60% 的氮肥、60% 的磷肥和 60% 的钾肥。施用微量元素化肥时应与农家肥混合后施入，以利于微肥的吸收和利用（见图 3.36）。

新建园施基肥时，从定植穴的外缘向外开挖宽、深各 40~50 厘米的环状沟，以不损伤根系为准，将表层的熟土与下层的生土分开堆

图3.36 施肥

放，农家肥、化肥与熟土混合均匀后填入，再填入生土；翌年从上一年深翻的边缘向外扩展开挖相同宽度和深度沟施肥，直至全园深翻改土一遍。全园深翻改土结束后，每年施基肥时将农家肥和化肥全部撒在土壤表面，全园浅翻一遍，深度15~20厘米，里浅外深，以不伤根为度，将肥料翻埋入土中。

（2）追肥。追肥是指在猕猴桃需肥急迫时期及时加肥补充。追肥的次数和时期因气候、树龄、树势、土质等而异。一般高温多雨时或在砂土中，肥料易流失，追肥宜少量多次，反之则追肥次数可适当减少。幼树追肥次数宜少，随着树龄的增长、结果量增多、长势减缓，追肥次数可适当增多。

追肥一般分为花前肥、花后肥、果实膨大肥和优果肥。

①花前肥。猕猴桃萌芽开花需要消耗大量营养物质，但早春土温低，吸收根发生少，吸收能力不强，树体主要消耗体内储存的养分。此时若树体营养水平低、氮素供应不足，则会影响花的发育和坐果质量。花前追肥以氮肥为主，主要补充开花坐果对氮素的需要。对弱树和结果多的大树则应加大追肥量；如果树势强健，基肥数量充足，花前肥也可推迟至花后。施肥量约占全年化学氮肥施用量的10%~20%。

②花后肥。落花后幼果生长迅速，新梢和叶片也都在快速生长，此时需要较多的氮素营养，施肥量约占全年化学氮肥施用量的10%。花后追肥可与花前追肥互相补充，如果花前追肥量大，花后也可不施追肥。

③果实膨大肥。也称壮果促梢肥，此期果实迅速膨大，随着新梢的旺盛生长，花芽生理分化同时进行，追肥种类为氮肥、磷肥、钾肥，这三种肥料配合施用，可提高光合效率，增加养分积累，促进果实肥大和花芽分化。追肥时间因品种而异，以5月下旬至6月中旬，疏果结束后进行，施肥量分别占全年化学氮肥、磷肥、钾肥施用量的20%。

④优果肥。果实生长后期的追肥，此时果实体积已经接近最终大小，果实内的淀粉含量开始下降，可溶性固形物含量升高，果实转入积累营养阶段。此期追肥施用有利于营养运输、积累的速效磷、钾肥，促进果实营养品质的提高，大致在果实成熟期前6~7周施用。施肥量分别占全年化学磷肥、钾肥施用量的20%。

上述4个追肥时期，可根据本园的生产实际情况酌情增减追肥，但果实膨大期和果实生长后期的追肥对提高产量和果实品质尤为重要，一般均要进行。

3 根外追肥

根外追肥简单易行、用肥量小、发挥作用快，并可避免某些元素在土壤中发生固定作用，肥料利用率高，一般超过90%。但根外追肥不能代替土壤施肥，只能作为土壤施肥的补充，两者互相结合使用，可互补不足。

根外追肥主要喷施化肥、微量元素肥、氨基酸和腐殖酸肥等。不同时期所喷的肥料种类和浓度不同，表3.4为猕猴桃常用根外追肥种类及使用量。

表3.4 猕猴桃常用根外追肥种类及使用量

肥料名称	补充元素	使用量/%	施用时期	施用次数
尿素	氮	0.3～0.5	花后至采收前	2～4
磷酸铵	氮、磷	0.2～0.3	花后至采收前1月	1～2
磷酸二氢钾	磷、钾	0.2～0.6	花后至采收前1月	2～4
过磷酸钙浸出液	磷	1～3	花后至采收前1月	3～4
硫酸钾	钾	1	花后至采收前1月	3～4
硝酸钾	钾	0.5～1.0	花后至采收前1月	2～3
硫酸镁	镁	0.2～0.3	花后至采收前1月	3～4
硝酸镁	镁、氮	0.5～0.7	花后至采收前1月	2～3
硫酸亚铁	铁	0.5	花后至采收前1月	2～3
螯合铁	铁	0.05～0.10	花后至采收前1月	2～3
硼砂	硼	0.2～0.3	开花前期	1
硫酸锰	锰	0.2～0.3	花后	1
硫酸铜	铜	0.05	花后至6月底	1
硫酸锌	锌	0.05～0.10	展叶期	1
硝酸钙	钙	0.3～1.0	花后3～5周、采收前1月	1～5
氯化钙	钙	0.3～0.5	花后3～5周、采收前1月	1～5
钼酸铵	钼、氮	0.2～0.3	花后	1～3

（三）水分管理

1 灌溉

（1）灌水量。适宜的灌水量应使果树根系分布范围内的土壤湿度在一次灌溉中达到最有利于生长发育的程度，只浸润表层土壤和上部根系分布的土壤，不能达到灌水要求，且多次补充灌溉，容易使土壤板结。因此，一次的灌水量应使土壤含水量达到田间最大持水量的85%，浸润深度达到40厘米以上。根据灌溉前的土壤含水量、土壤容重、土壤浸润深度，即可计算出灌水量：

灌水量 = 灌溉面积（平方米）× 土壤浸润深度（米）× 土壤容重（克/厘米^3）×（田间最大持水量 ×85% − 灌溉前土壤含水量）

例如，一猕猴桃园，面积0.2公顷，土壤容重1.25克/厘米^3，田间最大持水量25%，灌溉前土壤含水量14%，根据上述公式可计算出灌水量：

灌水量 = 0.2×10000×0.4×1.25×（25%×85%−14%）= 72.5（吨）

（2）灌溉方法。灌溉有多种方法，包括沟灌、渗灌、滴灌和喷灌。

①沟灌。其特点是简单易行，投资少，但土壤易板结。由于沟灌不易控制灌水量，且耗水量较大，不利于有效使用有限的水利资源。

②渗灌。渗灌是指利用有适当高度差的水源，将水通过管道引向树行两侧距树行约90厘米、埋置深度15~20厘米的输水管，在水管上设置微小出水孔，水渗出后逐渐湿润周围的土壤。渗灌比沟灌更省水，也没有板结的缺点，但出水口容易发生堵塞。

③滴灌。滴灌是指在地面之上顺树行安装管道，管道上设置滴头，在总入水口处设有加压泵，在植株的周围按照树龄的大小安装适当数量的滴头，水从滴头滴出后浸润土壤。滴灌只湿润根部附近的土壤，特别省水，用水量只相当于喷灌的一半左右，适于各类地形的土壤。其缺点是投资较大，滴头易堵塞，输水管田间操作不方便，同时需要加压设备（见图3.37）。

图3.37　滴灌

④喷灌。喷灌分为微喷与高架喷灌两种（见图 3.38）。微喷要使用管道将水引入田间地头，故需要加压。如果使用针孔式软塑膜管，可以将其顺树行铺设在地面，灌溉时打开开关即可。这种方式投资小，但除草、施肥等田间操作不方便。如果使用固定式硬塑管，则需要将输水喷水管架在空中，在每株树旁安装微喷头，喷水直径一般为1.0～1.2 米。高架喷灌对树叶、果实、土壤的冲刷大，也需要加压设备。喷灌对改善果园小气候作用明显，其缺点是投资费用较大。

图3.38　喷灌

2 排水

猕猴桃对渍水敏感，耐涝性比同样处理的桃树还差。浙江雨水较多，且土壤多偏黏，很容易出现涝害。

在选择园址时，应避免在易积水的低洼地带建园，栽培园地的地下水位在涝季时至少应在 1 米以下，地下水位过高易造成根系长期浸泡在水中而腐烂死亡。在低洼的易涝地区建园时，应沿树行给树盘培土，使之成为高垄栽植，并建立排水沟，果园积水不能超过 24 小时。

排水沟有明沟和暗沟两种，明沟由总排水沟、干沟和支沟组成，支沟宽约50厘米，沟深至根层下约20厘米，干沟较支沟深约20厘米，总排水沟又较干沟深 20 厘米，沟底保持千分之一的比降。明沟排水的优点是投资少，但占地多，易倒塌淤塞和滋生杂草。

暗沟排水是在果园地下安设管道，将土壤中多余的水分由管道中排出。暗沟的系统与明沟相似，沟深与明沟相同或略深一些。暗沟可用砖或塑料管、瓦管做成。暗管排水的优点是不占地、排水效果好，可以排灌两用，养护负担轻；缺点是成本高，投资大，管道易被泥沙沉淀堵塞。

复习思考题

1. 怎样做好成龄果园的生草栽培？
2. 怎样做好猕猴桃的根外追肥？
3. 怎样做好猕猴桃园的排水工作？

七、树体保护

（一）预防冻害

1 冻害对猕猴桃的危害

严寒会对猕猴桃树体造成一定危害，受冻可能导致树体病变，影响猕猴桃树的生长和产量，猕猴桃不同的发育时期对极端温度的耐受性不同。美味猕猴桃品种在冬季枝蔓进入充分休眠后，可耐 −15℃以上的短期低温和 −12℃以上的持续低温，而萌芽后和落叶前仅能忍受 −1.5℃的短期低温和 −0.5℃的短期低温。中华猕猴桃品种对低温的耐受能力低于美味猕猴桃。中华猕猴桃品种对极端最低温度的耐受性约比美味猕猴桃品种高 1~2℃，即分别在生长季和休眠季可忍受 0.5℃以上和 −10℃以上的短期低温危害，以及 1.5℃以上和 −8℃以上的长期低温危害。

突然大幅度降温和超忍耐限度的低温对猕猴桃的危害：早春表现为芽受冻，芽内器官不能正常发育，或已发育的器官变褐、死亡，导致芽不能正常萌发，或萌发的嫩梢、幼叶变色，死亡；休眠季节的冻害表现为枝干开裂，枝蔓失水，芽因受冻而发育不全，或表活内死，不能萌发。虽然有时温度没有降低到上述指标，但若伴随有低湿度和大风，枝蔓则会严重失水干枯，抽条，或大枝干纵裂，甚至全株死亡。

2 降低冻害的措施

（1）及时施肥，保叶过冬。采果前后，用速效肥对水浇根，结合叶面喷施 0.3% 磷酸二氢钾加 0.3% 尿素混合液，补充养分，恢复树势。采果后每株施栏肥 50~100 千克，钙、镁、磷肥 1.5~2 千克，钾肥 0.5~1 千克，或草木灰 10 千克，恢复树势，增强抗病和抗寒能力。此次施肥宜早不宜迟。

（2）中耕培土，灌水保温。采收后，在寒冬来临前挑选塘泥、河泥、田土等，树盘培土 10~20 厘米，形成土墩，可以结合采后肥施用。在出现低温冷冻前 10~20 天，进行充分灌水。

（3）覆盖、涂白，保护树干（见图 3.39）。猕猴桃幼树、苗圃等可以用稻草包裹全株，或采用草帘、编织袋、薄膜搭棚覆盖保温。成龄树可以搭棚覆盖，防止枝叶直接冻伤。可用白涂剂涂枝干，减轻危害。充分利用柴草、木屑、秸秆等物，每亩设置 4~6 个熏烟堆，在寒潮来临或霜冻前点燃熏烟。

图3.39　涂白

（4）修剪。对叶片受冻萎蔫不能复原或枯焦未落的，应尽早摘除，以防止枝蔓失水枯死。受冻枝蔓生死界限不明显的，应等到气温回升后，在萌芽处回缩修剪。修剪以轻剪、短截为主，疏删为辅，树冠内部和下部的枝梢应尽量多保留，并根据不同冻害程度进行抹芽控梢。冻害严重的枝蔓，需及时更新，可在新梢抽生后选择在大枝或主干存活部位进行重剪或截干。

（5）病虫防治。剪（锯）口要修削成平滑斜口，再用75％酒精或0.1％高锰酸钾液消毒伤口，涂抹保护剂。对伤口，可先刮除树干上的病斑后再涂药。此外，猕猴桃受冻修剪后会萌发大量枝梢嫩叶，要注意防治病虫。

（二）预防旱害

1　旱害对猕猴桃的危害

猕猴桃受旱害时，最先受害的是根系，根毛首先停止生长，根系的吸收能力大大下降，若干旱持续加重，根尖部位便会出现坏死，此时，地上部尚无明显的受害症状。在水分亏缺时，猕猴桃叶片往往从果实中夺取水分，以满足蒸腾需要，受害的果实轻则停止扩大，果个不再增大；重则会因失水过多呈萎蔫状，日灼现象也会相伴出现，日灼严重的果实常干缩在枝条上不脱落，而叶片在相当时间内仍保持新鲜状态。地上部比较明显的受害表现是新梢生长缓慢或停止，甚至出现枯梢，叶片出现萎蔫，叶缘出现褐色斑点或焦枯，有时边缘出现较宽的水烫状坏死，严重者则会引起落叶。当猕猴桃因缺水表现出外部受害症状时，说明植株受害已相当严重，并对果树器官造成了危害，有的甚至灌水后也较难恢复。这时才进行灌溉则已经太迟，应在受旱引起外观症状之前进行，在清晨叶片上不显潮湿时即应灌溉。

2　降低旱害的措施

（1）加强果园基础设施建设与管理。建园时完善水利排灌设施建设，有条件的果园建立果园肥水滴灌系统。加强果园管理，增施有机肥，改善土壤的物理性状，提高土壤的保水能力。

（2）园地松土覆土。园地土壤板结易导致地下水上升蒸发，地面松土可切断土壤毛细管，控制土壤地下水分上升；有降雨时，雨后要及时松土，不易松土的土壤板结地块采取挖畦沟取土覆盖于畦面，通过松土覆土减缓橘园地下水分的蒸发。

（3）节水灌溉。连续旱晴10~15天，进行灌溉，促使果实正常发育。平地和水源充足的果园，采用园沟灌水；山地或水源紧缺的果园，可采用浇灌。建立肥水滴灌系统的果园，进行滴灌，这是目前较为科学的节水模式。此外，选用树冠喷水，每隔3~5天在傍晚喷清水（或低浓度叶面肥）缓解旱情。

（4）树盘覆盖。实施生草栽培，生物覆盖园地，有利于提高保水抗旱能力。在梅雨季节结束后即进行树盘覆盖，厚度10~20厘米，可充分利用地面杂草或秸秆等覆盖物，降低土壤温度，减少土壤水分蒸发。

（5）防日灼。裸露的树干及大枝用石灰水涂白，或覆盖遮阳网、稻草等，顶部果实采用套袋或粘纸，可防止日灼。

（三）预防涝害

1 涝害对猕猴桃的危害

猕猴桃是肉质根，雨水过多，易造成土壤水分饱和，供氧不足，透气性差，根系呼吸能力减弱，根系逐渐腐烂。下雨过程雨水在土壤表面停留 2 小时，叶面会轻微黄化和卷曲；停留 3~4 小时，开始出现轻微烂根，叶片黄化和卷曲加重；停留 5 小时以上，根系严重腐烂，地上部分叶片边缘焦枯脱落；淹水 4 天植株枯死 40%，8 天则基本100% 枯死。

2 降低涝害的措施

（1）开沟排水。下雨过程及时排水，退水后，园内低洼处仍有积水的，及时开沟排水，恢复树体正常呼吸。

（2）全园松土施肥。水淹后，园地板结，造成根系缺氧。在脚踩表土不粘时，进行浅耕松土，促发新根。松土后，依树势、树龄、产量等适时施肥，每亩施有机肥 2500~3500 千克，配合施果树专用肥80~100 千克或复合肥 150 千克，具体依树体大小而定。

（3）适度修剪。对灾后落叶的树，及时修剪枯枝。全树剪去枯枝、病虫枝、交叉枝、密生枝、纤弱枝，使树体通风透光，代谢平衡。

（4）树干涂白。涝后易落叶，可树干涂白，涂白剂配方为水 10份、生石灰 2 份、食盐 0.5 份、固体石硫合剂 1 份或硫磺粉 25 克。

（5）喷施叶面肥，加强树体营养，加快树势恢复。可采用 0.2% 尿素 +0.5% 磷酸二氢钾，叶面喷施，每隔 1 星期喷施 1 次，连续 2~3 次。

（6）防病。积水过后容易发生病害，叶面喷施 800 倍多菌灵或1000 倍甲基托布津，控制病菌滋生，以避免其进一步危害果树健康。

（7）淹水后，在天气允许条件下尽早喷施活性氧消除剂缓解涝害，可用 1000 毫克 / 千克苯甲酸钠或抗坏血酸等（活性氧消除剂）喷施叶面。

复习思考题

1. 冻害对猕猴桃有哪些危害?
2. 降低猕猴桃旱害有哪些措施?
3. 涝害对猕猴桃有哪些危害?

八、病虫害防治

(一)防治原则

遵循"预防为主、综合防治"的方针，加强栽培管理，提高树体抗病虫害能力。根据病虫害发生规律，适时开展化学防治。提倡使用杀虫灯、粘虫板等措施，人工捕杀，繁殖释放天敌。优先使用生物源和矿物源等高效、低毒、低残留农药，严格控制安全间隔期、施药量和施药次数。

(二)技术模式

猕猴桃病虫害绿色防控技术模式的要点：强化农业防治，重点推广理化诱控措施，辅以化学防治，有效控制病虫为害。主要防控对象为溃疡病、根腐病、根瘤病、黑斑病、褐斑病、花腐病、灰霉病、立枯病等病害和椿象、东方新甲、介壳虫、叶蝉、卷叶蛾、透翅蛾、金龟子等虫害。

(三)关键措施

1　农业防治

（1）冬季清园。12月至枝梢花芽萌发前，刮除枝蔓上的粗皮，剪除病虫枝、枯枝、衰弱枝，可降低病虫源基数。

（2）整形修剪。合理整形修剪，控制枝蔓数量，使树体枝组分布均匀，改善通风透光条件，可有效控制病虫害的发生。

（3）平衡施肥。视树势和结果情况施肥。提倡适施有机肥料、微生物肥料、腐殖酸类肥料，少施或不施化肥。结果树适施草木灰，以增强树体的抗逆性。

2 理化诱控

（1）黄色粘虫板诱杀。利用害虫趋色的特性诱杀幼虫或成虫，在猕猴桃成熟前，在猕猴桃枝蔓上挂黄板，每株挂1张。

（2）杀虫灯诱杀。针对害虫成虫的趋光习性，开展杀虫灯诱杀。杀虫灯宜安装在果园的制高点和外围。每30~40亩安装杀虫灯1盏，在猕猴桃开花期开始，每天19—23时开灯，果实采收结束后停止开灯。

3 科学用药

药剂防治优先选用生物农药和矿物源农药，宜选用水剂、水乳剂、微乳剂和水分散粒剂等环境友好型药剂，在其他防治措施效果不明显时，合理选用高效、低毒、低残留农药。药剂防治要严格掌握施药剂量（或浓度）、施药次数和安全间隔期，提倡交替轮换使用不同作用机理的农药品种。

（四）防治方法

1 主要病害防治

（1）溃疡病。

①发病症状：最明显是春季开始在枝干上流血红色水后加浓变成红褐色，流到哪里即感染到哪里，严重时整株染病，导致树体死亡。叶、果上均有表现，在浙江8—9月开始感染，但潜伏很少。表现症状：第二年春温度4~20℃时发病，3—4月最为严重，5月份随气温升高而减轻。若遇冻害严重时，溃疡病发病加重；高氮肥使用区，枝叶旺盛不健壮，发病也严重。虫害严重区及修剪伤口过多区发病也严重，由伤口侵入，感染概率提高。

猕猴桃溃疡病主要为害猕猴桃的新梢、枝蔓、叶片和花蕾，以为害1~2年生枝梢为主，4~6年生结果树发病最重，症状更为明显。

该病一般不为害根和果实（见图3.40）。

图3.40 溃疡病为害状

植株受害后，于2月中下旬开始发病，在枝蔓上发生1~3厘米长的纵裂缝，并流出深绿色水渍状黏液，高湿条件下，在裂缝处分泌白色菌脓，最后流胶部位组织下陷变黑呈铁锈状溃疡斑，病部上端枝条发生龟裂，萎缩枯死。叶片受害后出现1~3毫米不规则形的暗褐色病斑，病斑外缘2~5毫米变黄，重病叶向内卷曲，枯焦、易脱落，花蕾受害后，在开花前变褐枯死，花器受害，花冠变褐呈水腐状。

②防治方法：采用诱导抗性、减少越冬菌源量、消毒除菌、"两

前两后"精准用药。

诱导抗性：猕猴桃开花前、幼果期和果实膨大期，全园喷施免疫诱抗剂各1次，药剂可选用5% 氨基寡糖素水剂800~1000倍液，或其他高效的诱抗剂，以提升树体抗性。

减少越冬菌源量：采果后及时清除园内病虫伤枝并带出园外集中销毁。休眠期树干涂抹1次3~5波美度石硫合剂，或采用30% 王铜悬浮剂等铜制剂均匀喷施树体，减少越冬病虫基数。

消毒除菌：对果园使用的农具、剪锯口、嫁接口等，用70% 酒精进行表面消毒。

"两前两后"精准用药：猕猴桃开花前（花蕾初现期）和落花后（落花70%）分别喷施1次药剂控制当年春季溃疡病菌引起的花腐和叶斑，药剂可选用3% 春雷霉素可湿性粉剂、3% 中生菌素可湿性粉剂500~800倍液等生物药剂，可跟氨基寡糖素等免疫诱抗剂混配进行喷施，以提高防效。

采果后至落叶前对全园主干大枝涂刷或喷淋药剂各1次，可选用生物药剂或30% 王铜悬浮剂、77% 氢氧化铜可湿性微粉剂500倍液、20% 噻菌铜悬浮剂500倍液等铜制剂，药剂涂刷时的浓度比喷施推荐的浓度可适当提高，施药间隔期10~15天。

对于猕猴桃溃疡病，目前还没有有效的化学防治药剂，由于该病病原菌隐蔽性强的特点，上述方案包括物理手段与多种用药手段互相支持，可减少病原数量；对于已经发病的果园，一般要经过3~4年的努力，才能逐步控制为害。

（2）根腐病。

①发病症状：发病初期根茎部皮层出现水浸状黄褐色斑，然后逐渐变为黑色腐烂，条件适宜时迅速向主根、侧根扩展，使整个根系腐烂，流出棕褐色汁液，有酒糟味（见图3.41）。后期会在皮层与木质部之间长出一层白色菌丝层，呈扇形扩展。病株地上部枝梢纤细、叶小发黄，生长衰弱。在高温多雨的季节，根颈部和病根部周围的地面上长出成丛的浅黄色伞状蘑菇，即病原菌子实体。受害严重的植株叶片变黄脱落，树体萎蔫死亡。7—9月高温多雨季节为发病高峰期，一

图3.41　根腐病发病症状

般砂土园和肥水管理条件差的园发病较重。

②防治方法：建园宜选用排水良好的土壤，栽植不宜过深，土壤中残留的杂木、树桩和感染病原的根系要及时清理烧毁。该病为土壤带菌，可用生石灰进行土壤消毒。发病轻的可用80％代森锌可湿性粉剂200~400倍液，或4％农抗120水剂200倍液灌根。

（3）根瘤病。

①发病症状：主要为害根颈部和根系，受害的根系最初形成似愈伤组织的黄豆粒大小的肉质肿瘤，起初为乳白色，肿瘤膨大后色泽加深为褐色至黑褐色，表面粗糙或凹凸不平，质地逐渐木质化，肿瘤大小不等。患病植株根系发育不良，细根少，生长缓慢，树势逐渐衰弱，叶片小而发黄，落叶落果严重。病菌主要通过嫁接口、机械伤口、虫害伤口侵入，雨水和灌溉水为传播媒介，地下害虫和根线虫也可传播，苗木是远距离传播的主要途径。一般碱性土壤有利于发病，土壤黏重、排水不良，耕作粗放、田间作业造成各种机械损伤多，以及地下害虫多，都有利于病菌侵入，一般发病都较重。

②防治方法：不用前茬作物有根瘤病的地块不作为苗圃地，不从

病区调运种苗。在调运进的苗木中，如果发现病株，必须剔除烧毁，并对其他苗木用2%石灰液浸泡1~2分钟，或用0.1%升汞液浸泡3~5分钟进行严格消毒。田间发病较轻的植株，扒开根部土壤后用小刀刮去肿瘤，并用3~5波美度石硫合剂，或5%菌毒清水剂30~50倍液，或2.5%噻霉酮水乳剂100倍液涂刷伤口。

（4）黑斑病。

①发病症状：发病时，受害叶片正面出现黑色绒球状小黑点，背面产生黑色霉斑，后期叶面产生黄褐色不规则坏死病斑，叶片早落（见图3.42）。受害枝蔓上最初在皮层出现黄褐色或红褐色纺锤形或椭圆形的水渍状病斑，稍洼陷，后纵向开裂肿大，病斑上有绒毛状霉层，严重时病斑扩展绕茎一周，造成枝蔓枯死。果实于6月初出现暗灰色绒毛霉斑，霉层脱落后形成一明显凹陷的圆形病斑，果肉呈紫色或紫褐色，后期果实发病部位变软发酸腐烂。

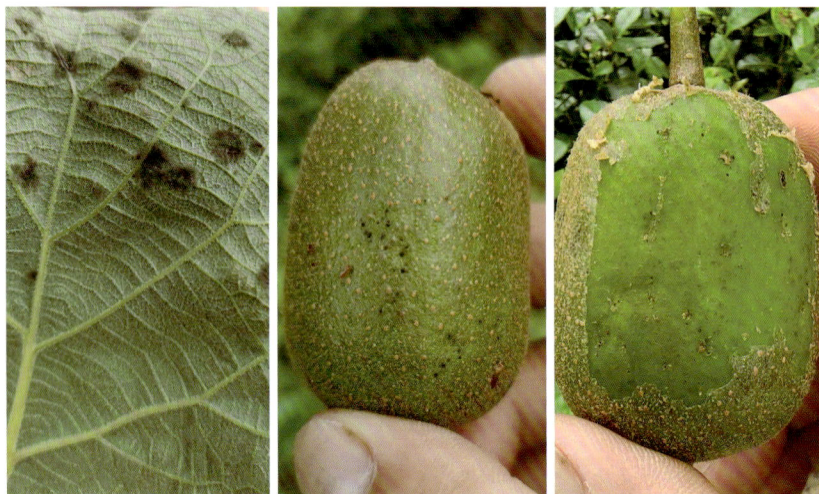

图3.42　黑斑病发病症状

②防治方法：修剪后清除田间残枝、落叶等病残体，深埋或集中烧毁，减少越冬病原菌基数。萌芽期喷3~5波美度石硫合剂。春季发病初期用80%喷克600~800倍液，或80%代森锰锌可湿性粉剂800~1000倍液，或40%多菌灵可湿性粉剂1000~1500倍液喷雾，隔

10~15天喷1次，连喷3~4次。

（5）褐斑病。

①发病症状：症状多出现于6月以后高温干旱的季节，在猕猴桃的叶片上出现圆形褐色病斑，后期病斑穿孔破裂，严重时叶片早期脱落，引起枝梢光秃，枝蔓细弱，影响花芽分化和翌年产量（见图3.43）。此病发生于高温干旱的6~8月，因为高温干旱期，树体的代谢增强，消耗增多，而根系的吸收能力却减弱，导致钙素亏缺而引起发病。

②防治方法：猕猴桃谢花后，每亩地面撒施生石灰50~100千克，然后松土将其翻入土中，使土壤中速效钙含量超过2000毫克/千克，最好达到3000~5000毫克/千克。防治药剂可参考"黑斑病"。

图3.43　褐斑病发病症状

（6）花腐病。

①发病症状：初期感病花蕾和萼片上呈现褐色凹陷斑，斑块发展很快，当病菌入侵到芽内部时，花瓣变为橘黄色，花开放时呈褐色并开始腐烂，很快脱落（见图3.44）。受害不严重的花也能开放，但花药、花丝变成褐色或黑色后腐烂。病菌入侵子房后，引起落花落蕾，偶尔能发育成小果的，也多早落。该病菌为害雌花的概率比雄花高。上年发病较重而未得到控制的果园，翌年病情更加严重，除了为害花

图3.44　花腐病发病症状

蕾和花，也为害叶和果，症状为褐色腐烂斑点，逐渐扩大，最终整叶整果腐烂，叶凋萎下垂，果实脱落。

②防治方法：改善花蕾部的通风透光条件，采果后至萌芽前喷1~2次农用链霉素或3~5波美度石硫合剂800~1000倍液，或喷80~100倍波尔多液清园；萌芽至花前，可选用40%春雷·噻唑锌悬浮剂800倍液等喷雾防治；萌芽至花期，喷农用链霉素1000倍液。

（7）灰霉病。

①发病症状：症状主要出现在储藏期的果实上。感病果先在果梗基部出现水渍状斑，受害部位稍透明，颜色较健康组织稍深，有酒味。水渍状斑从果柄基部离层处均匀地向四周发展，初侵染的果肉内有绒毛状菌丝体，先白色后变为灰色。如果没有隔离防范措施，病果常在储藏期传染给健果，若不及时发现，则会造成很大损失。该病菌还侵染叶片，造成灰白色至黄褐色病斑（见图3.45）。

②防治方法：清除病残体，烧毁；开花晚期和果实采收前1个月喷2.1%香芹酚水剂800~1000倍液。

图3.45 灰霉病发病症状

2 主要虫害防治

（1）椿象。

①为害特点：以成虫、若虫刺吸猕猴桃嫩叶、嫩枝、果实的汁液。叶片受害后出现失绿黄斑，幼果受害后局部细胞组织停止生长，形成干枯疤痕斑点，果形不正，发育不正常，幼果受害严重时脱落；后期受害的果实，被害处果肉木栓化，变硬，品质下降，不耐储藏（见图3.46）。

图3.46 椿象

②防治方法：成虫发生期在园内放置糖醋液诱杀。药剂防治的关键时期为越冬成虫出蛰期和各代初龄若虫发生期，特别是第1代初龄若虫发生期。可用2.5%溴氰菊酯乳油2000倍液，或2.5%拟除虫菊酯乳油1500倍液喷雾。

（2）东方新甲。

①为害特点：以成虫在相邻果实之间为害，果实受害部位出现针眼状虫孔，皮层细胞呈木栓化片状结痂隆起，果肉变硬，果实品质变差，受害果采前变软脱落或在储藏期间提前软化。

②防治方法：5月下旬至6月上旬为防治适期，一般喷药2次，间隔约10天，常用药剂有2.5%高效氯氟氰菊酯3000倍液，或2.5%溴氰菊酯乳油2000倍液。

（3）介壳虫。

①为害特点：介壳虫类主要以成虫、若虫附着在枝干、树叶、果实上，吸食树体汁液，发生严重时使树势衰弱甚至引起枝干枯死。雌成虫和若虫被有龟蜡蚧壳，药液难以渗透，触杀药剂效果不明显，以内吸性药剂较好（见图3.47）。

图3.47　桑盾蚧为害症状

②防治方法：介壳虫类一般自然传播能力弱，加强对调运苗木的检疫，对防止远距离传播扩散有重要作用。春季桑白蚧、草履蚧若虫上树为害前，在树干基部涂宽约10厘米的药环（用废机油、废柴油各半，熔化后加少量触杀剂），可阻止若虫上树。萌芽期喷施3~5波美

度石硫合剂或柴油乳剂 50 倍液。生长季节防治必须将喷药时期掌握在介壳虫孵化盛期，可用 99% 机油乳剂 50~80 倍液喷雾。

（4）叶蝉。

①为害特点：以成、若虫刺吸新梢、叶片、花蕾和幼果等的汁液，被害部位出现苍白斑点，严重时叶片发黄脱落，枝梢组织遭到破坏，使树体衰弱；越冬卵产于枝条皮层中，在受害部位产生半月形疱疹状突起，严重时枝条易失水干枯。

②防治方法：冬季、早春清除果园内的残枝落叶，铲除杂草，减少越冬虫口基数。在成虫盛发期设置频振式杀虫灯诱杀。药剂防治应抓好越冬代成虫出蛰活动的盛期和第 1 代、第 2 代若虫孵化盛期，及时喷药防治可获得较好效果。常用药剂有 2.5% 溴氰菊酯乳油 2000~3000 倍液，或 1.5% 除虫菊素水乳剂 600~1000 倍液。

（5）卷叶蛾。

①为害特点：主要以幼虫为害嫩叶、花蕾和幼果。幼果被啃食后，果面造成伤害或落果，严重影响果品产量和质量（见图 3.48）。

图3.48　卷叶蛾为害叶片

②防治方法：搞好越冬清园工作。早春前刮除老树皮，集中烧毁，以消灭越冬虫茧。清除受害枝蔓及果园周边杂草，以减少虫源。成虫活动期，在果园内挂糖醋液（8％糖、1％醋、0.2％氟化钠）瓶诱杀，或挂杀虫灯诱杀。初龄幼虫在地面活动期（4月中下旬），于树冠下及干基部喷1％苦皮藤素乳油4000~5000倍液。

（6）金龟子。

①为害特点：主要以幼虫（蛴螬）啃食猕猴桃嫩根，影响树木水分和养分的吸收运输；为害严重时，树体地上部表现早衰、叶片发黄、果实早落，成虫（金龟子）啃食幼芽、嫩叶、花蕾等（见图3.49）。

图3.49　金龟子为害叶片、树枝及树根

②防治方法：清除果园园内及周围的杂草，杜绝蛴螬滋生，施用的农家厩肥等必须经过充分腐熟后方可施用，否则易招引金龟子在其中产卵。成虫发生期夜间用黑光灯、频振式杀虫灯、高压汞灯诱杀，灯下放置滴入少量机油的水，扑灯的金龟子掉入水中后，粘上油便不能飞；或在成虫集中为害期，用糖醋液诱杀，糖醋比例为（3~5）∶1，糖醋液中滴入少量敌百虫等杀虫药剂。7月下旬幼虫孵化盛期用50％辛硫磷乳油1000倍液，每亩200毫升加水2000千克泼浇或结合灌

水施入土中杀灭幼虫。发生初期喷2.5％溴氰菊酯乳油2000倍液，或2.5％绿色功夫乳油2000~3000倍液。

复习思考题

1. 猕猴桃病虫害防控的防治原则是哪些？
2. 简述猕猴桃根腐病的发病症状及防治方法。
3. 简述猕猴桃介壳虫的为害特点和防治方法。

九、采收与储运

（一）果实采收

1 采收期

　　猕猴桃品种繁多，不同品种从受精完成后果实开始发育到果实成熟需要120~160天，品种之间的果实生育期差别很大，成熟期从8月份开始持续到10月底。同一品种不同年份的猕猴桃受到气候及栽培措施等条件影响，成熟期差别可达3~4周。而猕猴桃果实成熟时外观不发生明显的颜色变化，不产生香气，当时也不能食用，无法通过品尝鉴定，这给适宜采收期的确定带来了困难。猕猴桃果实如果一直保留在树上，随着成熟度的提高，果实内可溶性固形物逐步上升到10％以上，果肉硬度逐渐下降软化，达到可食状态。留在树上的果实软化速度不仅超过在低温冷库储藏果实的软化速度，还超过在常温下储藏的果实。因此，猕猴桃若采收过早，果实内的营养物质积累不够，果实品质降低；采收过晚，则会有遇到低温、霜冻等危害的可能。在浙江，一般中华猕猴桃早熟品种在9月上旬采收，迟熟品种在9月中下旬采收，美味猕猴桃在10月底至11月上中旬采收，最晚不迟于露霜时采收。

　　目前，国际上通行的猕猴桃果实成熟期均是以果实内的可溶性固形物含量上升达到一定标准来确定的。新西兰对海沃德品种的最低采收指标是可溶性固形物含量达到 6.2%，辅以干物质含量的参考标准，日本、美国对海沃德品种的最低采收指标均为 6.5%。我国目前主要以可溶性固形物含量 6.5% 作为采收的最低指标，这样才能保证采收的果实软熟后具备优良的品质和风味。这个指标主要针对采收后直接进入市场或短期储藏（3 个月以内）的果实，对于采收后计划较长期储藏的，一般在可溶性固形物含量达到 7.5% 后采收，果实的储藏性、货架寿命及软熟后的风味品质更好。

　　测定可溶性固形物含量时，在园内（除边行外）有代表性的区域随机选取至少 5 株树，从高 1.5~2.0 米的树冠内随机采取至少 10 个果实，在距果实两端 1.5~2.0 厘米处分别切下，由切下的两端果肉中各挤出等量的汁液到手持折光仪上读数（手持折光仪应在使用前用蒸馏水调整到刻度 0%），10 个果实的平均可溶性固形物含量达到 6.5% 时可开始采收，但如果其中有 2 个果实的含量比 6.5% 低 0.4% 以上时，说明果实的成熟期不一致，仍被视为未达到采收标准，不能采收（见图 3.50）。

图3.50　果实采收

2　采收过程

为了保证果实采收后的质量及食用安全，采收前 20~25 天果园内不许喷洒农药、化肥或其他化学制剂，也不再灌水。

采果应选择晴天的早、晚天气凉爽时或多云天气时进行，避免在中午高温时采收。晴天的中午和午后，果实吸收了大量的热能尚未散发出去，采收后容易加速果实的软化。下雨、大雾、露水未干时也不宜采收，果面潮湿有利于病原菌繁殖侵染。采果时如果遇雨，应等果实表面的雨水蒸发掉以后再采收。

果实采收前，为了避免采果时造成果实机械损伤，采果人员应将指甲剪短修平滑，戴软质手套。使用的木箱、果筐等应铺有柔软的铺垫，如草秸、粗纸等，以免果实被撞伤。

采收时以使用采果袋为好，采果袋以大致可装 10 千克果实为宜，采果袋底部开口，从底部缝制一个遮帘挂在袋顶的背带上，用遮帘将底部开口严密封住，防止果实掉出。采果袋内的果实转放入转运箱时，将装有果实的采果袋轻放入箱内，取开遮帘的挂钩，将采果袋轻轻提起，果实便从底部开口处轻轻滑落到果箱内（见图 3.51）。

采收时应分类分次进行。首先采收生长正常的商品果，再采收生长正常的小果。伤果、病虫为害果、日灼果等应分开采收，不要与商品果混淆。

未套袋的果实，采果时用手握住果实，手指轻压果柄，果柄即在距果实很近的区域折断，残余的果柄仍然留在树上。采摘时应轻拿轻放，尽量避免果实刺伤、压伤、撞伤。尽量减少倒筐、倒箱的次数，将机械损伤减少到最低程度。同时，要注意提前修平运输道路，运输过程中要缓速行驶，避免猛停猛起，以减少振动、碰撞。

套袋果实的采收，对绑于结果枝上的果袋，要托住果袋底部，松解果袋扎丝，旋转果袋连果袋一同摘下果实；对绑于果柄的，可拖住果袋底部旋转，连果袋一同摘下果实。采下的果实应轻轻解袋脱除，然后分级。

采收下来的果实应放置在阴凉处，用篷布等遮盖，不要在烈日下暴晒。

图3.51　果实放入转运箱

对计划直接上市的果实，可将经过分级包装的果实在室外冷凉处放置一晚，待果实中吸收的热量散失掉后在清晨冷凉时装运进入市场。

需要储藏的果实可以先分级包装再入库，也可以在预冷后分级包装，再入库。

（二）储藏保鲜

1 低温储藏

低温储藏可减弱果实生理代谢活性，抑制果实酶活性，降低呼吸强度，减少乙烯释放量，果实衰老软化进程延迟，还可抑制病菌的繁殖，有效地延长狝猴桃果实储藏保鲜时间。在低温冷藏条件下，中华狝猴桃系列的储藏期可达60~90天，品种秦美可达90~120天，海沃德可达180天。低温储藏能够显著抑制狝猴桃果实中的乙烯释放量，减缓果实硬度、可滴定酸含量、维生素C含量、淀粉含量的下降与可溶性固形物含量的上升，延缓果实后熟衰老进程。

冷库保鲜基本操作步骤：冷库准备→确定采收期→采前处理→采收→短途运输→预冷→挑选、分级、包装→入库堆垛→储藏期管理→确定储藏期限。

（1）冷库准备。提前1个月对冷库库体的保温、密封性能进行检查维护，对电路、水路和制冷设备进行维修保养，对库间使用的周转箱、包装物、装卸设备进行检修。

果品入库前冷库要进行消毒灭菌，特别是前一年储藏过其他果品、蔬菜的冷库，一定要提前1周消毒灭菌，可用1%~2%甲醛水溶液喷洒冷库，按甲醛：高锰酸钾为5：1的比例配制成溶剂，以每立方米5克的用量熏蒸冷库24~48小时；用0.5%~1.0%漂白粉水溶液喷洒冷库或用10%石灰水中加入1%~2%硫酸铜配制成溶液刷冷库墙壁，晾干备用；每立方米用10克的硫黄粉点燃熏蒸或用5%仲丁胺按每立方米5毫升熏蒸冷库24~48小时；用0.5%漂白粉水溶液或0.5%硫酸铜水溶液涮洗果筐、放果架、彩条布等冷库用具，晒干后备用。刷墙后再熏蒸，灭菌效果更好。熏蒸后的冷库，气味排完后方可储果。

果品入库后，可用二氧化氯消毒液原液活化后盛到容器中，均匀放置4~6个点，让其自然挥发进行库间灭菌，或用噻苯达唑、腐霉利烟雾剂熏蒸，也可用臭氧发生器产生臭氧（O_3）进行库间灭菌。

产品入库前2天，冷库应预先降温，到果品入库时，库温降至果品储藏要求的温度。

（2）预冷。预冷入库时要严格遵守冷库管理制度，入库的包装干净卫生，入库人员禁止酒后入库或带异味物入库。选择的入库品种最好单品单库，分级堆放预冷。

采收的猕猴桃立即运入冷库，在0℃库间预冷，高温天气采收的猕猴桃没有充足的预冷间，可在荫棚下散去大量田间热入库。

果筐入库后松散堆放，在0~1℃库间预冷2~3天，待果实温度接近库存温度后包装、码垛。每天入库量不得超过库容的20%。预冷时库间蒸发器冷风直吹的果箱上不一定要做透气性覆盖处理。采满立即运回预冷，地头堆放不得超过5小时，从采收到入库不得超过12

小时，转运时防止装载不实严重振荡。

（3）入库堆垛。果箱分级分批堆放整齐，留开风道，底部垫板高度10~15厘米，果箱堆垛距侧墙10~15厘米，距库顶80厘米。果箱堆垛要有足够的强度，并且箱和箱能够上下镶套稳定。箱和箱紧靠成垛，垛宽不超过2米，果垛距冷风机不小于1.5米，垛与垛之间距离大于30厘米；库内装运通道1.0~1.2米；主风道宽30~40厘米，小风道宽5~10厘米。

（4）储期管理。

①储藏温度：（0±0.5）℃，温度计应多点放置观察温度（不少于3个点），取其平均值。猕猴桃在冷藏6周后，硬度降低很快，为每平方厘米为1.5~3千克，此后软化速度放慢。经16~20周储藏，果肉硬度已达到出口的平均硬度，为每平方厘米1千克。在没有乙烯气体的情况下，猕猴桃的呼吸作用、成熟、失水和衰变均与温度增加有关，如果储藏在2℃条件下，储藏寿命较储藏在0~2℃条件下减少1~2个月。而在0~5℃的储藏条件下，猕猴桃呼吸热增加，储藏寿命减少一半。为防止冻害，要避免库内出现-0.5℃的温度，但有时也偶有短时出现-1.8℃和-2.1℃，果实未受冻害，这可能与储藏果实的含糖量增加有一定的关系。

②储藏湿度：相对湿度要在95%以上，可采用毛发湿度计或感官测定，感官测定可参考观察在冷库内浸过水的麻袋，若3天内不干，则表示冷库内相对湿度基本保证在95%以上。当湿度不足时，应立即采用冷库内洒水、机械喷雾、挂湿草帘等方法增加湿度。

③通风换气：通过通风换气使储藏环境中的乙烯脱至阈值以下。一般冷库1周换气1次；当袋内氧气（O_2）<2%，二氧化碳（CO_2）>6%时，要及时换气。打开塑料袋口放气，开动排风扇，打开排风口换气，夜间或清晨进行换气，雨天、雾天、中午高温时不宜换气。

④品质检查：每月抽样调查1次（中华猕猴桃可半个月检查1次），发现有烂果时要全面检查，烂果及时除去。

⑤设备调整：配备相应的发电机、蓄水池，保证供电、供水系统正常，调整冷风机和送风机，将冷气均匀吹散到库间，使库内温度相

对一致，保证库间密闭温度稳定，停机 2 小时库温上升不超过 0.5℃，减少库间温度变化幅度，防止果实表面结露，不使果实发生冻害。

（5）确定储藏期限。平均果实硬度每平方厘米 ≥ 1.5 千克，硬果率 ≥ 93%，商品果率 ≥ 96%。果实外观新鲜，色、香、味、形均好，果蒂鲜亮，不变暗灰色。机械冷库严格按照技术规程操作，秦美可储藏 150 天左右，海沃德可储藏 180 天左右。

（6）出库。将果实放在缓冲间或走廊上，待果温与外界温度之差小于 5℃时，选在早晚天气凉爽时再出库。

2 气调储藏

气调储藏是近几年迅速发展起来的保鲜技术，可以分为人工气调和自发气调两种方式。气调储藏通过调节储藏环境中氧气与二氧化碳的浓度来达到保持果蔬品质、延长果蔬储藏保鲜期的目的。在 0℃条件下，气调库中二氧化碳的体积分数为 3%~5%，氧气的体积分数为 0.7%~2.0%，猕猴桃储藏到 180 天时，果实仍能保持较高的硬度与良好的外观品质。

猕猴桃气调储藏条件：二氧化碳 5%，氧气 2%，短期内二氧化碳升至 8%，氧含量降至 1%，对猕猴桃无任何伤害。乙烯会促进猕猴桃的软化和衰老，储藏时要严格控制储藏条件，保持果实的硬度，使乙烯不产生或少产生；同时，要及时清除储藏环境中的乙烯，可通过通风换气或利用乙烯吸收剂等消除乙烯。此外，还要注意不要将猕猴桃与苹果、梨混储在一库，因为这些果品会释放大量乙烯。需要长期储藏的果实须无虫害、无污染，储藏过程中要及时处理感染病菌或腐烂变质的果实；要及时清理库内杂物，排出有害气体。

此外，提高储藏效果的方法还有热处理、涂膜处理、钙处理、草酸处理、1-MCP 处理和二氧化氯（ClO_2）处理等，可根据各自条件选择。也可选择温度较低的场所，如地下室、山洞、通风库等，把温度降低到 20℃以下，相对湿度保持 90% 以上。储藏期间，早晚和夜间打开窗门，尽量纳入新鲜空气，白天关闭，使库内维持相对稳定的温度，排除乙烯气体。有的山区农民在屋外搭个遮雨棚，一层松叶、一层猕猴桃堆放储存，也很实用。

（三）包装运输

1 包装

猕猴桃属于浆果，怕压、怕撞、怕摩擦，包装物要有一定的抗压强度；同时，猕猴桃果实容易失水，包装材料要求有一定的保湿性能。国际市场的猕猴桃果实包装普遍使用托盘，托盘由优质硬纸板或塑料压制成外壳，长41厘米、宽33厘米、高6厘米，内有一张聚乙烯薄膜及预先压制的有猕猴桃果实形状凹陷坑的聚乙烯果盘，果形凹陷坑的数量及大小按照不同的果实等级确定，果实放入果盘后用聚乙烯薄膜遮盖包裹，再放入托盘内，每个托盘内的果实净重3.6千克。托盘外面标明注册商标、果实规格、数量、品种名称、产地、生产者（经销商）名称、地址及联系电话等。

我国目前在国内销售的包装多采用硬纸板箱，每箱果实净重2.5~5.0千克，两层果实之间用硬纸板隔开，也有部分采用礼品盒式的包装，内部有透明硬塑料压制的果形凹陷，外部套以不同大小的外包装（见图3.52）。这些包装均缺乏保湿装置，同时抗压能力不强，在近距离的市场销售尚可使用，远距离销售明显不适应，需要加以改进。至于对外出口的果实，只有采用托盘包装才能保证到达目的地市场后的果实质量。

图3.52　果实包装

2　运输

　　猕猴桃是新鲜果品，运输过程中要安全运输、快装快运，绝不可积压堆积，以免果实长时间堆放在外界不良条件下而加速软化过程。装卸时要轻装轻卸，以免造成果实的机械损伤。运输环境要适宜，防冷防热防振动；运往北方市场的过程中，要防止果实受冻；运往南方市场的过程中，要注意防热；运输途中的强烈振动和反复人加速度作用会使果实发生损伤，引起腐烂。

　　目前，我国猕猴桃的运输采用冷藏车的较少，主要依靠普通货车，这类车辆设备简单、成本较低，运输途中除防止产生强烈振荡、机械损伤外，还要根据果实运往的地区情况采用不同的遮盖物，以防止日晒雨淋、受热受冻。

复习思考题

　　1. 怎样确定猕猴桃采收期？
　　2. 猕猴桃低温储藏有哪些好处？
　　3. 怎样做好猕猴桃的安全运输？

十、产品加工

（一）果汁

　　猕猴桃果汁是极受市场欢迎的保健饮料，用猕猴桃果汁还可以加工浓缩果汁、果酒、汽水、果冻、果晶、罐头等多种产品。

1　技术要求

　　外观色泽呈黄绿色或浅黄色。口感具有猕猴桃汁特有的风味，酸甜适度，无异味。形态为汁液均匀混浊，静置后允许有沉淀，但摇动后仍呈均匀状态。不允许有杂质存在。每罐净重为 200 克或 250克，允许公差 ±3%，但每批平均不低于净重。可溶性固形物为

11%～15%，总酸含量0.3%～1%（以柠檬酸计），原果汁含量不低于40%。无致病病菌及因微生物作用而引起的腐败征象。罐型采用GB/T 10785—1989《开顶金属圆罐规格系列》。

2 工艺流程

选果→清洗、消毒→去皮→破碎、打浆→榨汁→过滤→调配→加热→装罐→封罐→杀菌→冷却→擦罐、入库→包装→储运。

3 操作要点

（1）选果。要求果实成熟度达八九成，新鲜完好，色泽正常，无病虫果和烂果。

（2）清洗、消毒。先用1%的漂白粉溶液或0.1%高锰酸钾溶液进行消毒，清除虫卵及微生物，再用清水清洗几次。

（3）去皮。可用人工法将果实切开，用勺子将果肉挖出；也可用化学去皮法，将10%～25%的氢氧化钠溶液煮沸，放入洗净的果实，浸泡1～2分钟，冲洗去皮以后再放入1%的盐酸溶液中，常温下处理30秒，立即用流水冲洗10分钟。

（4）破碎、打浆。将去皮的果实在破碎机中破碎或在打浆机中打浆。

（5）榨汁。把破碎成浆的果实加热到60～65℃，放入榨汁机中榨汁（立式压汁机），榨汁时如果在果浆中加入适量的果胶分解酶，可使出汁率由55%提高到60%。

（6）过滤。在过滤机中过滤或用平板布过滤，把果汁中的残籽或果肉滤出。这时果汁混浊，若在低温下冷冻，吸取上清液便得到澄清果汁。若需制混浊果汁，则把滤出的混浊果汁在真空脱气罐中进行脱气，使果汁色泽不变，然后用高压均质机进行均质，使果汁中的细小颗粒进一步细碎，促使果汁溶出，使果胶与果汁亲和，保持果汁的浑浊度。

（7）调配。按原果汁含量的40%加白砂糖配成可溶性固形物为35%以上的果汁。

（8）加热。将调配好的果汁通过灭菌器加热。

（9）装罐。当果汁温度在70~80℃时，应当迅速装入罐或瓶（罐、瓶必须提前清洗干净和消毒）。

（10）封罐。趁热将罐封口，真空度要求46.7千帕（350毫米汞柱）以上，要封口良好。

（11）杀菌及冷却。装罐密封后立即杀菌8~15分钟（100℃），杀菌后冷却到40℃时取出。

（12）擦罐、入库。冷却后将罐擦干净入库。

（二）果酱

用猕猴桃果实制果酱的利用率高达90%以上，果酱营养丰富，甜酸适度，有良好的开胃生津效果，极受消费者欢迎。

1　技术要求

外观色泽呈黄绿色或黄褐色，有光泽，均匀一致。口感具有猕猴桃酱所特有的风味，无焦煳味，无异味。形态为蒸制酱体，呈胶黏状，带种子，保持部分果块，置于水面上允许徐徐流散，不得分泌汁液，无糖结晶。不允许有杂质存在。每罐净重允许公差±3%，但每批平均不低于标明的净重。总糖量不低于57%（按转化糖计），可溶性固形物不低于65%（按折光计）。无致病病菌及因微生物作用而引起的腐败现象。罐型采用旋口玻璃瓶或铁罐。

2　工艺流程

选果→清洗、消毒→去皮→打浆软化或破碎软化→加糖浓缩→装罐、封罐→杀菌→冷却→擦罐、入库→包装→储运。

3　操作要点

（1）选果。加工果酱的猕猴桃果实要求果心较小，种子较少，含有丰富的果胶物质和有机酸，果肉甜酸适度，芳香味浓，颜色一致，成熟良好。果肉颜色不同的果实，应分别进行加工。要剔除腐烂变质果、硬果及成熟过度果。

（2）清洗、消毒。先用1%的漂白粉溶液或0.1%的高锰酸钾溶液进行消毒处理，再用清水彻底清洗。

（3）去皮。可用人工法将果实切开，用勺子将果肉挖出；也可用化学去皮法，将10%~25%的氢氧化钠溶液煮沸，放入洗净的果实，浸泡1~2分钟，冲洗去皮以后再放入1%的盐酸溶液中，常温下处理30秒，立即用流水冲洗10分钟。

（4）打浆软化或破碎软化。打浆软化是将果实去皮后，倒入打浆机中进行打浆。打浆机的筛板应根据留籽或去籽的加工要求进行选择。将果浆倒入夹层锅中，再加入75%的糖浆进行软化（10~15分钟），这样可制成全泥状果酱。破碎软化是将洗净去皮的果实，用破碎机破碎成小碎块，然后倒入夹层锅中加入糖液软化，这样可制成块状果酱。

（5）加糖浓缩。浓缩包括常压浓缩和真空浓缩两种方法。常压浓缩是把果酱倒入夹层锅后，再加适量75%的糖液（须先经过滤），然后加热，并不断搅拌，以便加速蒸发和避免发生焦煳。浓缩时蒸汽压力为245~294千帕，浓缩时间约为30分钟。浓缩时间过长，易使果酱颜色变褐，凝胶能力降低，储藏期蔗糖返沙。

有条件的工厂，可将原料用泵打入真空浓缩锅内，在减压低温条件下进行蒸发浓缩，这样能有效地避免养分的损失。为了提高果酱的质量，可添加适量的果胶，使色泽和风味有所提高。真空浓缩的配料为果酱100千克、白糖100千克或75%的糖水135千克、真空浓缩锅的真空度约80千帕（600毫米汞柱），浓缩到65%~66%（用折光计测）出锅，再加热到100℃左右，以后保温在90℃以上。

（6）装罐、封罐。用经消毒的四旋瓶装酱，酱温不能低于86.5℃，趁热封罐，注意勿外溅污染瓶口。

（7）杀菌及冷却。玻璃瓶封口后应在100℃条件下立即杀菌20分钟，分段冷却，以防玻璃瓶炸裂。

（8）擦罐、入库。将杀菌后的玻璃瓶擦净入库。

（三）果脯

1　工艺流程

选果→清洗→去皮→切片→烫漂→糖渍→糖煮→干燥→整形包装。

2　操作要点

（1）选果。选用八成半成熟的果实，果实要有一定的硬度，无病虫害、霉烂变质。

（2）清洗。用流动自来水将猕猴桃表面的泥沙及污物洗涤干净。

（3）去皮。用80~90℃的浓碱液浸泡30~60秒去皮，然后迅速用自来水冲洗掉果实上的残留皮屑和碱液，并用1%的盐酸溶液浸泡以中和残留的碱液。

（4）切片。将猕猴桃果实横切成厚度为5~6毫米的薄片，并浸入1%~2%的盐水中，以抑制氧化酶的活性。

（5）烫漂。将猕猴桃片在沸水中烫漂约2分钟，以杀灭氧化酶活性，并迅速用自来水冷却。

（6）糖渍。沥干水分的猕猴桃片，用白砂糖糖渍20~24小时，砂糖用量为猕猴桃片重的40%，砂糖在上、中、下层的分布比例为5∶3∶2。

（7）糖煮。取出糖渍好的猕猴桃片，沥干糖液，在糖液内加入砂糖，使含糖量达到65%左右，煮沸后加入糖渍过的猕猴桃片，再次煮沸25~30分钟。当糖液含糖量达到70%~75%时，取出果片，沥干糖液。

（8）干燥。将糖煮过的果片，放在竹筛网（或不锈钢丝网）上，在55℃左右的烘房内干燥约24小时。

（9）整形包装。干燥后的果脯片需压平，然后用玻璃纸或聚乙烯薄膜包装。

（四）蜜饯

1　工艺流程

选果→去皮→清洗→切半、挖果心→加热糖渍→烘干→成品。

2 操作要点

（1）选果。选择成熟完好的果实，剔除伤残腐烂果和病虫果。

（2）去皮。选出的果实放入10%左右的氢氧化钠水溶液中煮沸去皮。

（3）清洗。用清水冲去果实上的残留皮渣和碱液，再用清水漂洗2~3次。

（4）切半、挖果心。用不锈钢刀将果实纵向切成两半，挖除果心和种子。

（5）加热糖渍。将果坯放入不锈钢双层锅内，向锅内加入占果坯质量6%~15%的蜂蜜和少量香料，加热2次，经冷却、风干即成。

（五）果酒

猕猴桃果酒，是一种低度酒，一般酒精度为12°左右，较甜，具有猕猴桃特有的果香和醇香，是老少皆宜的产品（见图3.53）。

1 工艺流程

选果→清洗、消毒→破碎→主发酵→压榨分离→后发酵→陈酿→调配、过滤→装瓶→包装成品。

2 操作要点

（1）选果。原料需要充分成熟发软且有猕猴桃浓香味的果实，剔除腐烂变质、病虫果及未熟果。

（2）清洗、消毒。用清水洗去果实上的泥沙、虫卵及其他杂质。

（3）破碎。将洗净的果实在破碎机内破碎成浆状或糊状。

（4）主发酵。把已破碎的果浆，倒入或泵入经过消毒的发酵池或缸内，加入5%的酒母糖液，搅拌均匀，发酵温度维持在25~28℃，每天搅拌2次（上午、下午各1次），使发酵均匀。当残糖下降到1%时，即可进行压榨分离。

（5）压榨分离。主发酵结束后进行压榨，使皮渣与酒液分离。压榨后的皮渣，还可进行二次发酵，蒸馏白酒或称"白兰地"。

（6）后发酵。酒液转入后发酵，当酒度达到12°时，再加入适量砂

图3.53　猕猴桃果酒

糖，在 20~25℃条件下，进行 30 天左右的后发酵，之后可转入陈酿。

（7）陈酿。后发酵结束后酒液不清，不容易沉淀，此时可将酒液倒入池或缸中，调整酒度到 16° 左右，置于 15~18℃的室温下进行陈酿，翌年 2 月份进行倒池或倒缸，年底即可调配成成品酒。

（8）调配、过滤。可按 12°~16° 酒度调配，经过滤后，要求酒液透明。

（9）装瓶。将酒装入已经消毒好的瓶中，装后立即压盖密封。

（10）包装成品。通过检查质量合格的猕猴桃酒，贴上商标，作为成品销售。

（六）罐头

糖水猕猴桃罐头是一种由糖水、猕猴桃制作的食物。根据加工后的形状，糖水猕猴桃罐头又分为猕猴桃（整果）罐头和猕猴桃片罐头两种。

1 工艺流程

选果→清洗、消毒→去皮、切片→装罐、封罐→杀菌、冷却→包装成品。

2 操作要点

（1）选果。选果型大、肉质厚、含糖多、香味浓的品种，以无毛的圆形或椭圆形品种较为适宜；糖水猕猴桃片罐头，原料应选择长圆形果实，不能过熟，质地应稍硬。加工前，将霉烂、病虫害、机械伤、畸形、成熟过度及直径小于3厘米的果子剔除，按大小、品色一致分级。

（2）清洗、消毒。原料选好后，用水充分洗净，投入浓度为20％～25％、温度在92～97℃的碱液中浸渍3～4分钟后，立即取出用清水漂洗消除碱液，直至果肉纯净为止。必要时可用0.1％～0.2％的盐酸溶液浸泡、中和、护色。

（3）去皮、切片。将10％～12％的碱水溶液煮沸，放入果实搅动2～3分钟，见外皮变黑、开裂时捞出，冷水冲洗干净，将皮去净。猕猴桃片，按大、中、小三级分别切成3～5片，厚度4～6毫米，并按厚度与横径大小分级。

（4）装罐、封罐。选片，装罐。分果实大小级别装罐，加入糖水（浓度40％）。装罐后用蒸汽排气，即温度为98～100℃的蒸汽排除罐中气体，时间约需10分钟。

（5）杀菌、冷却。待罐头中心温度达 85℃以上即可封罐杀菌，然后冷却至 40℃左右。

（6）包装成品。擦净入库储藏。

复习思考题

1. 猕猴桃果汁的技术要求有哪些?

2. 简述猕猴桃果酱加工的工艺流程。

3. 如何进行猕猴桃罐头的原料选择?

第四章　选购食用

　　猕猴桃是大众非常喜爱的一种水果，在选购时要"五看一闻"，即看颜色、看外观、看大小、看硬度、看整体、闻香气。猕猴桃不但可鲜食，即刚采收的猕猴桃果实需经催熟处理后才能食用，还可以进行小规模的酿制猕猴桃酒、榨猕猴桃汁、制作猕猴桃干。此外，还可以加工成猕猴桃罐头、果酱、蜜饯等食品，也可以作为糕点的配料和点缀等。

一、选购方法

（一）选购

选购猕猴桃时若掌握以下技巧，则很容易选到优质满意的猕猴桃（见图 4.1）。

图4.1　猕猴桃选购

1　看颜色

猕猴桃可以分为多个不同的品种，最常见的就是红心猕猴桃、黄心猕猴桃（见图 4.2）和绿心猕猴桃。在这几个品种中，红心猕猴桃的营养价值最高，而且它的味道酸甜爽口，是所有猕猴桃中最好吃的一种。而在绿心猕猴桃中，那些果肉颜色浓绿的猕猴桃比较甜，也比较好吃。同时，在挑选猕猴桃的时候，建议挑选果皮呈黄褐色、有光泽

图4.2　黄心猕猴桃

的，同时果皮上的毛不容易脱落为好，因为一般像这种类型的猕猴桃酸甜可口。

2　看外观

猕猴桃是一种椭圆形的水果，在挑选时要注意它的外观，只有那些外表平滑长得顺眼的猕猴桃才比较好吃，那些畸形果不建议购买和食用，因为它们的口感都较一般。

3　看大小

一般来说，大部分的果实，都不是越大越甜的好，在挑选猕猴桃时，不要一味地挑选大型果实，一般小型果实在口味上也不差于大型果实。

4　看硬度

细致地把果实全身轻摸一遍，选择质地较硬的果实。凡是已经整体变软或局部有软点的，都尽量不要选。因为猕猴桃一般局部较软的话，不容易储藏，还要注意表面是否完整、有没有凹陷的情况，是否有弹性。

5 看整体

体型饱满、无伤无病的较好，透出隐约绿色者为好。表皮毛刺的多少，会因品种而异。且猕猴桃要选结蒂处是嫩绿色的，颜色在结蒂处周围是深色的味道也甜。

6 闻香气

充分成熟的猕猴桃，质地较软，伴有香气，这是食用的适宜状态。若果实质地硬，无香气，说明没有成熟。若果实很软，或呈气鼓鼓状态，并有异味，则说明已过熟或腐烂。

（二）催熟

刚采收的猕猴桃果实在零售前或购买后，需经催熟处理后才能食用。常用的催熟方法有以下几种。

（1）用乙烯利1000毫克/升浸果2分钟，处理后在7~14天能达到食用状态。

（2）逢年过节大量处理果品时，将果品暴露在乙烯浓度为100~500毫升/升的房间内，于15~20℃条件下放3~7天。

（3）消费者可将2~3个苹果或香蕉等乙烯释放量大的水果，放于猕猴桃塑料袋内，封口2~3天，即可食用。猕猴桃在冷库存放一段时间后，一般出库3~5天会自然软熟，无须处理。

复习思考题

1. 怎样看颜色选购猕猴桃？
2. 怎样看外观选购猕猴桃？
3. 怎样催熟猕猴桃？

二、食用方法

（一）直接食用

1　连皮吃

狝猴桃可以像苹果一样连皮吃，因为狝猴桃的皮富含膳食纤维和果胶，能促进消化。狝猴桃皮内富含维生素 C，可以增强人的免疫系统，防止微生物活动和淋巴细胞增生。狝猴桃的皮对人的皮肤健康也大有裨益。

2　切半用汤匙吃

用水果刀将狝猴桃切成两半，然后用勺子舀出果肉食用。越是接近果皮的地方，果肉越是坚硬。这是一个高效且有趣的吃狝猴桃方法（见图4.3）。

图4.3　切半食用

（二）简单加工

1 果汁或混合成奶昔

如果想喝汁而不是直接啃咬猕猴桃的话，可以考虑将其做成液体。比如，用苹果、猕猴桃、菠菜、生菜和菠萝做成一杯绿色的果汁，或用1个猕猴桃（连皮）、半杯冰的蓝莓、半杯冰的草莓、1根去皮香蕉、1杯橙汁、1杯椰汁、1汤匙亚麻籽（可选）混合起来做成健康的奶昔。

2 猕猴桃果酱

（1）做法一。原料：猕猴桃、柠檬、白砂糖、麦芽糖。

做法：猕猴桃去皮、去白芯切块放入奶锅，加入约为猕猴桃果肉1/3质量的白砂糖，中小火慢慢熬煮。边煮边不停地搅动，以免粘锅底。煮到猕猴桃全部变软时，挤入几滴柠檬汁，撇去浮沫。加入适量麦芽糖调整甜味，继续熬到猕猴桃全部溶化且浓度适中时即可。放凉后装入消过毒的无油无水的密封罐里，放冰箱里冷藏保存。

（2）做法二。原料：猕猴桃1千克（去皮去籽后为750~800克），砂糖380克，半个柠檬取汁。

做法：准备好猕猴桃，洗净；切去猕猴桃的两端，拿小刀由上往下去皮，然后将中心白色部分的心去除。猕猴桃切成小丁，加入糖和半个柠檬汁；冷藏腌渍一晚（因水果带酸性，故最好用玻璃容器装）；第二天把猕猴桃倒入锅中，大火煮开后转小火继续烹煮；中途要捞掉猕猴桃果酱上的浮沫，煮时要不断搅拌，以免粘住锅底；看果酱的黏稠程度，如果感觉黏稠了就可停止，如果感觉还有点稀薄就可以继续煮一会儿。瓶子要提前消毒，可以洗干净瓶子放烤箱里消毒，烤箱不需要预热，直接调到110℃，烤15~20分钟。趁热把果酱装入瓶子，盖上盖子，倒扣。果酱如果短时间内不吃，可以冷藏保存好几个月。

（3）做法三。原料：猕猴桃1.2千克、砂糖400克、鲜榨柠檬汁30毫克。

做法：把猕猴桃的皮削掉，去除中间的心，把果肉切成小丁，放入玻璃碗，加入 30~40 毫升的柠檬汁和所有的糖拌匀，盖上盖，并置于冰箱冷藏腌制隔夜或 4 小时以上（柠檬汁的分量根据猕猴桃的酸甜度而定）。将腌制好的猕猴桃倒入不锈钢锅用中火熬煮，熬煮过程中产生的泡沫要尽量捞出丢弃。将果肉煮至软烂时，用手持电动搅拌器将果肉打碎（喜欢颗粒感的读者此步可以省略，没有手持搅拌器的可以倒入搅拌机搅打后再倒回锅里）。继续中小火将果酱煮至浓稠即可，趁热装入高温消毒过的玻璃罐中，倒置冷却，再移入冰箱冷藏（果酱不要煮得太过浓稠，因为果酱冷却冷藏后还会变得更稠）。

复习思考题

1. 怎样直接食用猕猴桃？
2. 怎样制作猕猴桃果汁或混合成奶昔？
3. 怎样制作猕猴桃果酱？

第五章　典型实例

部分生产和经营猕猴桃产业的农业企业、农民专业合作社、家庭农场的管理者根据学到的生产技术和经营管理知识，已成为当地猕猴桃生产的龙头企业或带头人。他们当中，有的利用当地良好的自然条件，引进优良品种，推广高效技术，经济效益显著；有的实行猕猴桃规模种植，促进了猕猴桃产业发展壮大，带动了农民致富；还有的致力于猕猴桃文化和农产品电商及果品的再加工，实现了猕猴桃效益的再增值。

一、江山市神农猕猴桃专业合作社

（一）生产基地

　　江山市神农猕猴桃专业合作社成立于2006年，基地位于江山市塘源口乡仓坂村，现有社员217人。合作社总面积12000多亩，其中核心示范基地1200亩。合作社在江山、杭州等地开设实体连锁店6家，在淘宝网等网站开设网店7家，经营销售渠道顺畅，2020年销售鲜果100万千克。合作社现有猕猴桃文化园1200平方米，保鲜库2100立方米，农业生产运输车8辆，猕猴桃选果车间300平方米，全自动进口猕猴桃选果机1台，注册"三爿石"猕猴桃商标。合作社基地被认定为"浙江省森林食品基地"。合作社先后获2014年度十佳新型农业主体、浙江省级林业专业示范性合作社、国家农民专业

合作社示范社，省级休闲农业与乡村旅游示范点等荣誉，是"中国猕猴桃产业技术创新战略联盟"成员单位，中国水果产业协会会员。合作社 2016 年被遴选为 G20 杭州峰会食材总仓供应企业；获 2019 年、2020 年江山市十佳农业经营主体。

（二）产品介绍

塘源口乡位于衢州的西边，这里空气清新，水质洁净，无污染，加上有富含矿质的土壤等，造就了优质无公害的绿色水果种植地。合作社主要种植的猕猴桃品种有翠香、红心、徐香、金艳，鲜果通过"三品"认证。"三爿石"牌猕猴桃荣获 2014 年浙江农业博览会金奖，2015、2016 年浙江农业博览会优质奖，2017、2018 年浙江省精品果蔬展销

会金奖，第十届义乌森林产品博览会金奖，第十一届、第十二届义乌森林产品博览会优质奖，2019年浙江农业之最猕猴桃擂台赛（维生素C含量）一等奖。

（三）责任人简介

林庆柱，1973年7月生，研究生学历，中共党员，浙江师范大学毕业。江山市神农猕猴桃专业合作社理事长。2011年开始从事农业，主要从事猕猴桃种植，目前担任江山市猕猴桃产业化协会会长，先后主持了2012年度中央农业科技推广江山市精品猕猴桃示范基地建设项目，2013—2014年度江山市东部现代农业综合区林业园区建设项目，2013—2015年度农业综合开发猕猴桃特色园项目等惠农项目。获2017年农村致富带头人、农业产业发展工作先进个人、江山市农民合作经济组织联合会优秀会员，2018年度科协系统先进工作者，2019年度优秀农村科普带头人，2020年度江山市"三农"故事大赛一等奖、衢州市"三农"故事大赛一等奖、浙江省第二届"十佳合作经济人物"、浙江省"老乡说小康"农民故事大赛二等奖等荣誉。

电话：13587000888

专家点评

江山市神农猕猴桃专业合作社是"中国猕猴桃产业技术创新战略联盟"成员单位，中国水果产业协会会员。合作社基地被认定为"浙江省森林食品基地"，核心示范基地1200亩，辐射带动12000多亩猕猴桃基地，主要种植的猕猴桃品种有翠香、红心、徐香、金艳。2016年合作社被遴选为G20杭州峰会食材总仓供应企业，获2019年、2020年十佳农业经营主体。鲜果通过"三品"认证，多次荣获浙江农业博览会金奖、浙江省精品果蔬展销会金奖，获2019浙江农业之最猕猴桃擂台赛（维生素C含量）一等奖。合作社建有猕猴桃文化园、实体连锁店6家、网店7家，经营销售渠道顺畅。

二、临海市花积山水果专业合作社

（一）生产基地

临海市花积山水果专业合作社成立于2009年，基地位于临海市小芝镇岙胡村岩盘方（杜桥镇与小芝镇的交界处），是溪口水库的水源地之一。合作社主生产基地水源充足，土地肥沃，山清水秀，风景优美，空气清新，无污染源，是台州市猕猴桃的历史产区。合作社目前种植经济作物面积1000多亩，其中种植猕猴桃（徐香、红阳、玉玲珑为主）500多亩，茶叶400多亩，其他四季水果100多亩。合作社目前以种养结合（林下养鸡鹅）和猕猴桃林下套种茶叶两种种植模式为主。合作社2012年被评为台州市规范化专业合作社，2013年被评为临海市"十佳"农民专业合作社，是浙江省现代农业科技示范基地，浙江省林业精品园示范基地。

（二）产品介绍

合作社生产的猕猴桃主要产品有以下几种。

"花积山"牌徐香猕猴桃果实圆柱形，单果重60~100克，果皮黄绿色，被黄褐色茸毛，梗洼平齐，果顶微突，果皮薄，易剥离；果肉绿色，汁液多，肉质细致，具果香味，酸甜适口，含可溶性固形

物 16.9%，每 100 克含维生素 C 含量 119.0 毫克，含酸 1.34%，含糖 12.1%，含可溶性糖 8.5%，富含钙、铁、钾等多种矿物质及 16 种氨基酸。成熟期在 9 月下旬。

"花积山"牌红阳猕猴桃，一般单果重 50~90 克；果实为短圆柱形，果皮呈绿褐色，无毛。果汁特多，酸甜适中，清香爽口；可溶性固形物 21.5%，富含钙、铁、钾等多种矿物质及 17 种氨基酸，每 100 克含维生素 C 135 毫克。成熟期在 9 月初。

玉玲珑猕猴桃平均单果重 30.37 克；果实长圆形，果面密布白色长绒毛，果肉绿色；可溶性固形物含量 16.7%，可滴定酸 1.24%，每 100 克含维生素 C 630.17 毫克。富含钙、铁、钾等多种矿物质及 21 种氨基酸；果实酸甜可口，风味浓郁。成熟期在 10 月底。

"花积山"牌猕猴桃于 2014 年通过绿色食品认证，在 2015 年、2016 年省农博会获得优质奖；2017 年浙江省农博会获得金奖，被评为台州名牌产品，同年，"花积山"商标被评为台州市著名商标；获 2019 年浙江省农业之最猕猴桃擂台赛（可溶性固形物含量）二等奖；获浙江省农业之最猕猴桃擂台赛（维生素 C 含量）三等奖。

（三）责任人简介

周礼超，1976年12月生，大专学历，临海市花积山水果专业合作社责任人。2010年开始从事猕猴桃种植，2012年开始全国猕猴桃主产区学习考察，接受过猕猴桃专业培训。现任临海市农民专业合作社联合会秘书长，是浙江省首届百名农创客、浙江农艺师学院首届学员、临海市第三届农技标兵、台州师傅、台州技能大师、浙江农艺师学院创业导师。

电话：13777681607

专家点评

临海市花积山水果专业合作社注重建园环境，以种养结合（林下养鸡鹅）和猕猴桃林下套种茶叶两种种植模式为主，是台州市猕猴桃的历史产区，也是浙江省现代农业科技示范基地、浙江省林业精品园示范基地。主营的"花积山"牌猕猴桃通过绿色食品认证，曾获浙江省农博会金奖、台州名牌产品、台州市著名商标，引领台州市猕猴桃产业发展，属浙江省首届百名农创客、浙江农艺师学院创业导师的孵化园。

三、浙江浦江宏峰生态农业开发有限公司

（一）生产基地

浙江浦江宏峰生态农业开发有限公司成立于2007年，是一家集特种水果种植、水产养殖、农产品销售、农业观光、技术培训服务于一体的企业。现已被认定为浙江省农民田间学校、浙江省林业重点龙头企业、浙江省农业科技示范户、金华市农业龙头企业、金华市农旅融合示范点。公司设有农产品质量安全检测室，可对产品农残、土壤肥力及微生物含量进行定期检测；设有培训室及配套电子播放器，可同时容纳150人进行集中培训学习；同时设有员工食堂及员工宿舍，能保障后勤管理工作；另设有专家工作室及仓库、冷库等硬件设施。公司每年定期组织员工学习农产品质量安全知识，采收的果实储存在符合规定要求的场所，并且有专人看管，农产品质量安全未存在任何问题。

公司猕猴桃基地面积480余亩，位于浦阳街道兆丰村里坞水库

库尾，四面环山，地理位置得天独厚，且阳光充足，雨量适宜，周边无工业企业及任何污染源，土壤环境极佳，自然条件优渥，是绿色猕猴桃的理想生产地。基地一直采用生态有机种植方式，形成了里坞红心猕猴桃独一无二的口感。每年到9月份硕果飘香的季节，成熟的猕猴桃散发着微甜的芳香，走在基地有一种沁人心脾的感觉。基地被评为浦江县猕猴桃标准化栽培技术示范基地、金华市放心农产品生产基地、省级林业特色精品园、浙江省森林食品基地。

（二）产品介绍

公司注册的产品商标为"泓枫"。种植的珍稀品种——红阳红心猕猴桃，口感优于目前国内外选育的任何猕猴桃品种，有"红色软黄金"之称。其果实皮光无毛，果芯鲜红美丽呈放射状红心图案，果肉绿中带黄（或红），

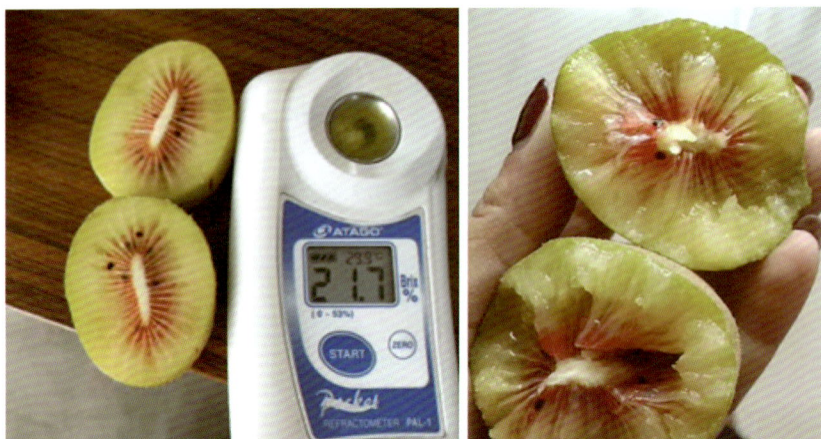

鲜果口感甘甜清爽、香气浓，富含人体必需的 17 种氨基酸和多种维生素及矿物质；营养价值最优秀的特征之一就是维生素 C 含量十分丰富，是苹果的 20~80 倍，被誉为"水果之王""维生素 C 之冠"，且还含有良好的可溶性膳食纤维，不仅能降低胆固醇、促进心脏健康，还可以促进消化，防止便秘，快速清除并预防体内堆积的有害代谢物，深受大众喜爱。"泓枫"牌猕猴桃于 2016 年通过绿色食品认证。

（三）责任人简介

洪其峰，1951 年 6 月生，高中学历，浙江浦江宏峰生态农业开发有限公司董事长。2007 年开始从事农业，转型从事农业前系拥有国家一级建筑资质的浙江宏峰建筑安装工程有限公司董事长。现主要经营猕猴桃、香榧，曾多次前往浙江上虞、四川蒲阳、陕西周至等猕猴桃基地学习猕猴桃种植管理技术。现为浦江县果业协会猕猴桃分会理事，2019 年获得浦江县优秀农产品经纪人二等奖。

电话：18858936666

专家点评

浙江浦江宏峰生态农业开发有限公司是一家集特种水果种植、水产养殖、农产品销售、农业观光、技术培训于一体的企业。公司严格执行绿色农产品操作规程，精细化管理，并建立质量安全全程追溯体系，在销售终端通过扫描二维码，可查询相关质量安全信息，主栽品种销售市场定位为"安全、高端、精品"，被评为浦江县猕猴桃标准化栽培技术示范基地、金华市放心农产品生产基地，产品已通过绿色食品认证。公司发挥了农民田间学校作用，组织当地猕猴桃大户开展技术培训，开展结对业务指导服务分享技术成果，带领农户共同致富。

四、绍兴上虞小草湾果业专业合作社

（一）生产基地

绍兴上虞小草湾果业专业合作社是一家集猕猴桃种植、销售、示范推广于一体的示范性专业合作社，成立于2008年，现有成员103名。合作社基地位于章镇镇丰章公路边，此地土壤肥沃，气候宜人，四周无污染源，自然生态环境优越，是种植无公害猕猴桃的理想之地。目前，合作社有红阳猕猴桃示范基地面积220亩，种植猕猴桃全部采用标准钢架大棚设施栽培，按照无公害农产品标准进行生产管理。合作社先后被评为省级林业示范合作社、浙江省示范性农民专业合作社、省级猕猴桃精品园、省级林业观光园、省级猕猴桃标准化

示范基地、上虞区"AAA"农民示范专业合作社、上虞区疗休养基地。

（二）产品介绍

合作社拥有"小草湾"注册商标1个，生产的"小草湾"牌红心猕猴桃被农业农村部农产品质量安全中心认定为无公害农产品，荣获第二、第三届中国义乌国际森林博览会金奖，2016年被选定为G20杭州峰会小草湾猕猴桃唯一指定专供产品。合作社已连续两届成功举办上虞区四季仙果红心猕猴桃采摘节。

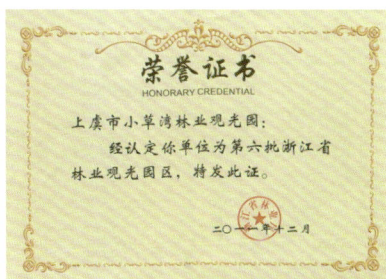

（三）责任人简介

胡友娣，1977 年 10 月生，初中学历，绍兴上虞小草湾果业专业合作社理事长。2006 年开始创业种植猕猴桃，2011 年被评为绍兴市劳动模范，2013 年被评为浙江省农村青年星火带头人，是绍兴市第七届、第八届人大代表，上虞区第一届政协委员。

电话：13754379256

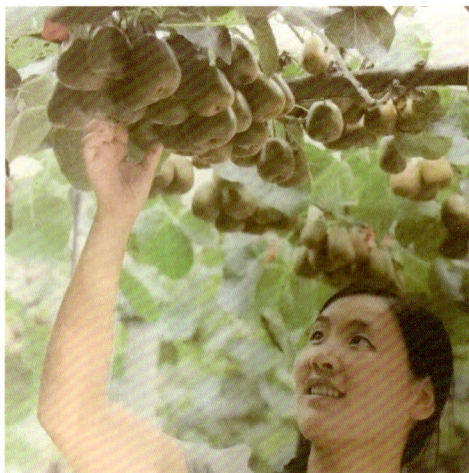

专家点评

绍兴上虞小草湾果业专业合作社是一家集猕猴桃种植、销售、示范推广于一体的浙江省示范性农民专业合作社，是省级猕猴桃精品园、省级林业观光园、省级猕猴桃标准化示范基地。合作社建有猕猴桃特色农业景观区，也是上虞区疗休养基地。合作社生产过程中，全面推广标准化、设施化、现代化栽培模式，建立农产品标准化生产技术体系和产品质量可追溯制度。产品多次获奖，2016 年被选定为 G20 杭州峰会小草湾猕猴桃唯一指定专供产品。

五、江山市光景家庭农场

（一）生产基地

江山市光景家庭农场成立于2013年11月，农场总面积205亩，坐落于江山市贺村镇朱塘峰，农场原本是一片茶园，海拔在140~160米，属于缓坡地，标准的江南特有气候，有长达一个多月的梅雨季节，梅雨季节雨水多，经常是连续降雨，空气湿度大，闷热；也有长达一两个月之久的高温干旱天气，从7月初梅雨季节结束持续到9月初，最高气温超过38℃。

农场以种植红心猕猴桃为主，也有少部分黄心品种。最早种植的品种是2014年和2015年种的红阳，约70余亩；还有2017年和2018年开发种植的东红、金红1号、金红50及2019年定植的实生苗等，约130余亩。其中，红阳、金红1号属于早熟红心猕猴桃，成熟期在8月底9月初；东红属于中熟红心猕猴桃，成熟期为9月中下旬；金红50是晚熟红心猕猴桃，成熟期在10月中旬。

农场最早栽培的红阳，采用葡萄的飞鸟棚架，高密度栽培，行株距2.5米×1米，后考虑到机械化操作，多采用宽行距（4~4.5米）、环园路平棚架。目前，果园已配备带旋耕开沟的604拖拉机、乘坐式网红割草机、履带打药车等机械化设备。果园采用人工生草和自然生草相结合的果园生草种植模式。全园采用滴灌施肥系统，有机肥采用免开沟撒施方式。

农场全园采用直公树牵引模式，双叶幕层。一行母树一行公树交替种植，公树花后重剪，减少架面空间，母树长结果枝平铺架面，后备枝高拉牵引，目前全园花期已全部采用自然授粉模式，效果好于人工授粉，不仅节省了大量人工和花粉，还不用担心花期天气的影响。同时，农场采用有机肥为主，每亩年施入有机质超过5吨，并补充部分饼肥。果园虫害以杀虫灯诱杀为主。

（二）产品介绍

农场的红阳猕猴桃已进入盛果期，年可产果 50 余吨，其他红心、黄心品种猕猴桃已试挂果，也可有数十吨供应市场。猕猴桃含有丰富的碳水化合物、维生素和微量元素，尤其是维生素 C 和维生素 A。

猕猴桃维生素 C 的含量约是苹果的 10 倍，被誉为"维生素 C 之王"。猕猴桃外皮含有丰富果胶，属低脂低热量水果，还有丰富的叶酸、膳食纤维、低钠高钾等。猕猴桃中含有多种氨基酸，像谷氨酸及精氨酸这两种氨基酸可作为脑部神经传导物质，促进生长激素分泌；果肉中黑色颗粒部分富含丰富的维生素 E。世界上消费量最大的前 26 种水果中，猕猴桃营养最为丰富全面。

（三）责任人简介

郑光晶，1969 年 9 月生，本科学历。1994 年毕业于浙江农业大学畜牧兽医专业，2013 年和合伙人一起承包山场，创办了江山市光景

家庭农场，2014年开始接触猕猴桃，2015—2016年由于其他原因，农场交由合伙人管理，2017年开始重新负责管理农场，从此开始潜心钻研猕猴桃种植技术，2018年、2019年跟随杨刚老师每周学1次猕猴桃种植技术，2019年冬季赴陕西齐峰果业参加高昊昱老师的黄埔二期培训班。

电话：郑光晶15057024887；郑碧清15957012107。

专家点评

江山市光景家庭农场以种植红心猕猴桃为主，农场特色众多，全园采用直公树牵引模式，双叶幕层，采用人工生草和自然生草相结合的果园生草种植法，采用滴灌施肥系统，以施用有机肥为主。采用免开沟撒施，果园虫害以杀虫灯诱杀为主。负责人郑光晶多年潜心钻研国内外猕猴桃种植技术。

六、绍兴上虞东山红家庭农场

（一）生产基地

绍兴上虞东山红家庭农场成立于 2015 年，位于上虞区上浦镇外小江村（距上浦高速出口 1000 米），地处"东山再起""谢安故居"旅游风景区内，猕猴桃种植面积 50 亩。园内除种植水果外，还利用优美的自然风光，不断完善基础设施，修建了钢结构大棚观光采摘区、猕猴桃加工区、猕猴桃冷藏室、游客接待室、观光道路、停车场等设施为游客提供了清静、幽雅、休闲的环境。东山红猕猴桃观光园全面实施人性化管理，用优美的环境、甜美的水果、热情的服务为游客提供一个良好的休闲、采摘、观光、娱乐场所。农场 2017—2018 年获上虞舜阳红心猕猴桃文化旅游节最具人气猕猴桃基地、上虞区女性创新创业基地、绍兴市上虞区职工疗休养基地、浙江省示范性家庭农场。

（二）产品介绍

农场种植的猕猴桃以红阳、东红、翠玉、软枣等品种为主，8月下旬至10月上旬是最佳采摘观赏时间，果品有"水果之王""维C之冠"称号，具有抗癌保健功能，又独具抗衰、排毒嫩肤功效，被誉为"绿色美容师""红色软黄金"。农场注册了"东山红"商标，果品通过无公害农产品认证。农场均采用绿色无公害的种植方法，常年使用有机肥，不仅产出了安全、无毒、绿色食品，还改良了土壤，美化了自然环境，保护了生态，保证了果品的品质。培育的猕猴桃2016年获上虞首届"四季仙果"杯创客大赛农创组冠军，2018年获首届全国优质猕猴桃品鉴会银

奖，2019年获中国北京世界园艺博览会国际竞赛优质果品大赛银奖、浙江农业博览会优质产品金奖。

（三）责任人简介

蒋伟芬，1976年9月生，本科学历，高级经济师，中共党员。毕业于绍兴文理学院，后经浙江科技学院经济学函授获得本科学历。2009年10月开始从事猕猴桃种植，个人取得了五星级民间农技师，担任上虞区政协委员，先后荣获浙江省百名大学生"农创客"、绍兴市大学毕业生现代农业"十佳创业标兵"、上虞区三八红旗手等荣誉。

电话：13606570270

专家点评

绍兴上虞东山红家庭农场为浙江省示范性家庭农场，农场采用绿色无公害的种植方法，常年使用有机肥。生产的果品品质好，多次获奖，通过了无公害产品认证，成为消费者喜爱的品牌，吸引众多游客前来采摘。农场开展休闲观光采摘游，将猕猴桃采摘融入文化旅游节中，向游客展示春花、秋实，使游客享受采摘的乐趣和果实的甜美，是绍兴市上虞区职工疗休养基地、女性创新创业基地。

七、江山市品果山家庭农场

（一）生产基地

江山市品果山家庭农场位于猕猴桃种植重点乡镇塘源口乡冷浆塘村，于2013年流转了120亩基地，并注册了家庭农场。2015年农场配备了农残检测仪二维码追溯体系，2016年被评为江山市示范性家庭农场。

（二）产品介绍

农场种植的猕猴桃品种有徐香、红阳、翠香等，以徐香和翠香为主。农场积极引进新品种、新技术、新型机械，开展猕猴桃溃疡病、根腐病、褐斑病、软腐病等多种病虫害防治实验，提倡机械化种植，带动周边农户一起改革，推广纯花粉授粉技术以及电动授粉器。农场种植了20亩雄株，用于采雄花制作花粉。还引进国外的选果机，以做到分级销售，从而提高收入。

（三）责任人简介

林亮，1991年3月生，江山市品果山家庭农场负责人。毕业于江山职教中心，现就读于宁波城市职业技术学院。林亮扎根农村，管理100多亩猕猴桃，不安于现状，努力充电学习，每年积极参加各种技术培训，去各地学习经验，在平时种植过程中认真做好生产日志，做到标准化生产，积极在田间地头实施猕猴桃病虫害防治试验实验，经过多年的理论培训及田间实践，已掌握猕猴桃种植的基本知识及技能，对一般的病虫害能够科学有效防治，能熟练操作进口选果机，所种植的猕猴桃70%以上通过微信、电商平台上销售。2020年被评为衢州市农民技师，获"2020年度十佳美丽新农人"称号。

电话：13567014450

专家点评

江山市品果山家庭农场农场积极引进新品种、新技术、新型机械，开展猕猴桃溃疡病、根腐病、褐斑病、软腐病等病虫害防治实验，提倡机械化种植，还引进国外的选果机，通过微信、电商平台分级销售，带动周边农户一起改革，提高收入。

八、临海市山峡果蔬专业合作社

（一）生产基地

临海市山峡果蔬专业合作社成立于 2012 年，基地面积 150 亩，坐落于临海市邵家渡街道岭脚村，基地三面环山，避风能力佳，水源充沛，为清澈溪流，是猕猴桃种植的首选地。种植园为山地栽培模式，棚架结构，以露地栽培为主，避雨栽培面积十余亩，水肥药一体装置可保证栽培水肥管理高效及时，喷药效果也良好。合作社配有果品分选机，保证了产品规格一致；建设了轨道运输车，山地栽培、产品采摘时，运输效率大增，大量节约了人力成本。

（二）产品介绍

合作社种植的猕猴桃主要品种为红阳猕猴桃，栽培时管理精细，疏果得当，产品通过分选机分选，整齐度高，所有猕猴桃肉色艳丽，

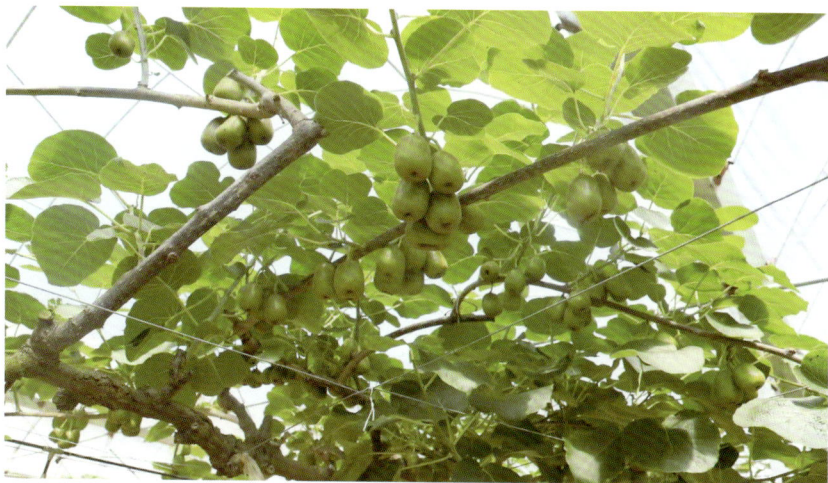

甜度也较高，每亩收入达3万元。产品曾参加台州（南京）优质农产品展销会，获第12届中国义乌国际森林产品博览会金奖。

（三）责任人简介

高济林，50岁，高中学历。从事猕猴桃产业10多年，多次参与由科协组织的相关培训。获2020年度涌泉镇乡村振兴工作先进个人。

电话：13336723726

专家点评

临海市山峡果蔬专业合作社主打红阳猕猴桃品种，为山地栽培模式，建有轨道运输车，省工省力，有水肥药一体装置，管理精细，疏果得当。产品通过分选机分选，整齐度高，经济效益较好。

参考文献

段眉会, 朱建斌. 猕猴桃储藏保鲜实用工艺技术[M]. 咸阳: 西北农林科技大学出版社, 2012.

韩礼星, 李明, 齐秀娟, 等. 猕猴桃园艺工培训教材[M]. 北京: 金盾出版社, 2008.

齐秀娟. 猕猴桃实用栽培技术[M]. 北京:中国科学技术出版社, 2017.

谢鸣, 张慧琴. 猕猴桃高效优质省力化栽培技术[M]. 北京: 中国农业出版社, 2018.

郁俊谊. 猕猴桃高效栽培[M]. 北京: 机械工业出版社, 2020.

浙江效益农业百科全书编辑委员会. 猕猴桃[M]. 北京: 中国农业科学技术出版社, 2004.

后　记

　　本书从筹划到出版历时近一年，在浙江省有关猕猴桃生产企业和基层猕猴桃生产技术推广部门的大力支持下，经数次修改、完善，最终定稿。本书在编撰过程中，得到了浙江省农学会的大力帮助，相关专家对书稿进行了认真审阅，特别是浙江省农业农村厅孙均、浙江农林大学郑伟尉等专家给予的大力帮助，蒋杏芳、严荣生、徐林海、谢林康等专家提供了部分材料，浙江省农业科学院张慧琴，浙江省农业农村厅许谓根、柏德玟专家在百忙之中对书稿进行了仔细审阅，在此表示衷心的感谢！

　　由于编者水平有限，书中难免有不妥之处，敬请广大读者提出宝贵意见，以便进一步修订和完善。